高等院校程序设计规划教材

Java语言 程序设计

赵靖华 主 编

吕凯 曹冬雪 副主编

侯锟 丛飚 董延华 参 编

清华大学出版社

北 京

内 容 简 介

本书从初学者的角度详细讲解了 Java 开发中用到的多种技术。用实例引导读者学习,从零开始、由浅入深、层层递进、细致地讲解 Java 这门语言的特点。

本书知识系统全面,共分为 13 章,覆盖了 Java 基础、数组、面向对象、异常、Java 常用系统类、集合类、I/O 流、GUI、线程、Java 数据库连接、网络编程等主流 Java 语言开发技术。为了使大多数读者能看懂,本书采用实例引导的方式对知识进行讲解,能够使读者快速掌握实用技术,为 Java 学习打下坚实的基础。

本书既可作为高等院校本、专科计算机相关专业的教材,也可作为社会培训教材,是一本适合初学者学习和参考的读物。

图书在版编目(CIP)数据

Java 语言程序设计/赵靖华主编.—北京:清华大学出版社,2020.10(2021.8重印)
高等院校程序设计规划教材
ISBN 978-7-302-56595-6

Ⅰ.①J…　Ⅱ.①赵…　Ⅲ.①JAVA 语言－程序设计－高等学校－教材　Ⅳ.①TP312.8
中国版本图书馆 CIP 数据核字(2020)第 187006 号

责任编辑:袁勤勇　杨　枫
封面设计:常雪影
责任校对:李建庄
责任印制:杨　艳

出版发行:清华大学出版社
　　　　网　　　址:http://www.tup.com.cn,http://www.wqbook.com
　　　　地　　　址:北京清华大学学研大厦 A 座　　　　　　邮　　编:100084
　　　　社 总 机:010-62770175　　　　　　　　　　　　　邮　　购:010-83470235
　　　　投稿与读者服务:010-62776969,c-service@tup.tsinghua.edu.cn
　　　　质量反馈:010-62772015,zhiliang@tup.tsinghua.edu.cn
　　　　课件下载:http://www.tup.com.cn,010-83470236
印 装 者:三河市国英印务有限公司
经　　销:全国新华书店
开　　本:185mm×260mm　　　　印　张:17.5　　　　字　数:423 千字
版　　次:2020 年 12 月第 1 版　　　　　　　　　　　印　次:2021 年 8 月第 2 次印刷
定　　价:49.80 元

产品编号:089923-01

前 言

　　Java 是当前流行的一种程序设计语言,因其安全性、平台无关性、性能优异等特点,自问世以来便受到了广大编程人员的喜爱。在当下的网络时代,Java 技术应用广泛,从大型复杂的企业级开发到小型移动设备的开发,随处都可以看到 Java 活跃的身影。对于一个想从事 Java 程序开发的人员来说,学好 Java 基础就变得尤为重要。

　　现在大多数 Java 程序设计教材单纯地从程序设计语言的角度出发,纯粹介绍语言特点及语法规则,忽视了 Java 程序设计语言的应用性。而现在大多数高等院校的计算机专业和软件工程专业则强调学生的实践动手能力,对学生的实践动手能力要求更高,这就需要有相应的实践性强的教材。本教材正是以这一需求为立足点,以理论要点为基础,以案例总结各章节,使读者学而知其用,体现 Java 编程语言的实战性特点。

　　编者在多年教学经验的基础上,结合企业实训要求,根据学生的认知规律精心组织了本教材的内容,并通过大量的案例,循序渐进地介绍了 Java 语言程序设计的有关概念和编程技巧。全书共分 13 章,前 3 章为 Java 的入门基础,主要包括 Java 简介及开发环境搭建、Java 基础语法、数组等。第 4、5 两章介绍 Java 面向对象编程。第 6 章介绍异常处理机制。前 6 章全面讨论了面向对象程序设计的思想方法及在 Java 语言中的实现。通过这部分的学习,读者对面向对象程序设计思想在 Java 中的应用会有比较完整的认识。第 7~9 章介绍 Java 的常用系统类、集合类和 I/O 流。第 10 章介绍 Java 的 GUI 图形用户界面技术。第 11~13 章系统地介绍线程、Java 数据库连接和网络编程基础。

　　综上所述,本书具有重项目实践,重理论要点,采用案例汇总知识点,力求体现实战性等特点,使读者逐步具备利用 Java 开发应用程序的能力。教材内容充实,结构合理,每章均配有理论练习题及上机实训题。本书集知识性、实践性和操作性于一体,具有内容安排合理、层次清楚、图文并茂、通俗易懂、实例丰富等特点。

　　本书由吉林师范大学计算机学院赵靖华主编,吕凯、曹冬雪担任副主编,侯锟、丛飚、董延华参与编写,本书为"吉林师范大学教材出版基金资助"项目。由于作者水平有限,书中难免有欠妥之处,敬请广大读者批评指正。

作　者

2020 年 10 月

高等院校程序设计规划教材

CONTENTS

目 录

CHAPTER 第 1 章

Java 简介

本章学习重点：

- 了解 Java 语言的特点。
- 理解 Java 的运行机制。
- 熟练掌握环境变量的配置。
- 掌握 Java 开发环境的搭建。

1.1 Java 概述

Java 语言是 Sun Microsystems 公司于 1990 年开发的。当时 Green 项目小组的研究人员正在致力于为未来的智能设备开发一种新的编程语言，由于该小组的成员对 C++ 执行过程中的表现非常不满，于是开发了一种新的语言 Oak(Oak 就是 Java 语言的前身)。这时的 Oak 已经具备安全性、面向对象、垃圾收集、多线程等特性，是一款相当优秀的程序语言。后来，由于注册 Oak 商标时，发现已经被其他公司注册了，所以不得不改名。工程师们在喝咖啡时想起了印度尼西亚有一个盛产咖啡的重要岛屿(中文名叫"爪哇")，于是将其改名为 Java。

随着 Internet 的迅速发展，Web 的应用日益广泛，Java 语言也得到了迅速发展。1994年，Gosling 用 Java 开发了一个实时性较高、可靠、安全、有交互功能的新型 Web 浏览器，它不依赖于任何硬件平台和软件平台。这种浏览器名称为 HotJava，并于 1995 年同 Java 语言一起，正式在业界对外发表，引起了巨大的轰动，Java 的地位随之得到肯定。此后的发展非常迅速。

1.1.1 Java 主要应用方向

Java 是一种高级计算机语言。从某种意义上来说，Java 不仅是编程语言，还是一个开发平台。Java 技术给程序员提供了许多工具：编译器、文档生成器和文件打包工具等，同时 Java 还是一个程序开发平台，其有两种主要的发布环境：首先是 Java 运行环境(Java Runtime Enviroment，JRE)包含了完整的类文件包；其次是许多主要的浏览器都提供了 Java 解释器和运行环境。

为了满足不同开发人员的需求，Java 开发分为以下 3 个方向。

(1) Java SE(Java Platform Standard Edition)：Java SE 以前称为 J2SE。该版本是为

开发普通桌面和商务应用程序提供解决方法。它是学习 Java EE 和 Java ME 的基础,包含了 Java 语言核心的类,如数据库连接、接口定义、输入/输出和网络编程。

(2) Java EE(Java Platform Enterprise Edition):这个版本以前称为 J2EE。该版本是为开发企业级应用程序提供解决方案,被看作一个技术平台。它包含 Java SE 中的所有类,并且还包含了用于开发企业级应用的类,如 EJB、Servlet、JSP、XML 和事物控制,也是现在 Java 应用的主要方向。

(3) Java ME(Java Platform Micro Edition):这个版本以前称为 J2ME。该版本是为开发电子消费产品和嵌入式设备提供解决方案。它包含 Java SE 中的一部分类,用于消费类电子产品的软件开发,如智能卡、手机、PDA 和机顶盒。

1.1.2　Java 语言的特点

1. 跨平台性

所谓跨平台性,是指软件可以不受计算机硬件和操作系统的约束而在任意计算机环境下正常运行。这是软件发展的趋势和编程人员追求的目标。之所以这样说,是因为计算机硬件的种类繁多,操作系统也各不相同,不同的用户和公司有自己不同的计算机环境偏好,而软件为了能在这些不同的环境里正常运行,就需要独立于这些平台。

而在 Java 语言中,Java 自带的虚拟机很好地实现了跨平台性。Java 源程序代码经过编译后生成二进制的字节码是与平台无关的,是可被 Java 虚拟机识别的一种机器码指令。Java 虚拟机提供了一个字节码到底层硬件平台及操作系统的途径,使得 Java 语言具备跨平台性。

2. 面向对象

面向对象是指以对象为基本粒度,其下包含属性和方法。对象的说明用属性表达,而通过使用方法来操作这个对象。面向对象技术使得应用程序的开发变得简单易用,节省代码。Java 是一种面向对象的语言,也继承了面向对象的诸多好处,如代码扩展、代码复用等。

3. 安全性

安全性可以分为 4 个层面,即语言级安全性、编译时安全性、运行时安全性、可执行代码安全性。语言级安全性指 Java 的数据结构是完整的对象,这些封装过的数据类型具有安全性。编译时要进行 Java 语言和语义的检查,保证每个变量对应一个相应的值,编译后生成 Java 类。运行时 Java 类需要类加载器载入,并经由字节码校验器校验之后才可以运行。Java 类在网络上使用时,对它的权限进行了设置,保证了被访问用户的安全性。

4. 多线程和同步机制

多线程机制能够使应用程序并行执行多项任务,而同步机制保证了各线程对共享数据的正确操作。使用多线程,程序设计人员可以用不同的线程完成特定的行为,使程序具有更好的交互能力和实时运行能力。

5. 简单易用

Java 语言是一种相对简单的编程语言,它通过提供最基本的方法来完成指定的任务,只须理解一些基本的概念,就可以用它编写出适合于各种情况的应用程序。

1.2　Java 的运行机制

Java 程序运行时,必须经过编译和运行两个步骤。首先将后缀名为.java 的源文件进行编译,生成后缀为.class 的字节码文件,再通过解释方式将.class 的字节码文件转变为 0 或 1 组成的二进制指令并执行。Java 虚拟机负责将字节码文件进行解释执行,并将结果显示出来。运行的原理如图 1-1 所示。

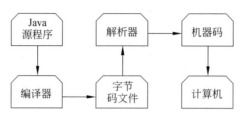

图 1-1　Java 程序的编译和执行过程

Java 的 class 文件是在 Java 虚拟机(Java Virtual Machine,JVM)上运行的。JVM 是在一台计算机上由软件或硬件模拟的计算机,JVM 可以实现 Java 程序的跨平台运行,即运行的操作平台各不相同。有 JVM 的存在,就可以将 Java 的 class 文件转换为面向各个操作系统的程序,再由 Java 解释器执行。就如同一个中国商人,要和美国、德国、法国等几个国家的商人做生意,可是不懂这些国家的语言,因此针对每个国家请了一个翻译,他只对翻译说,然后不同的翻译将他说的话翻译给不同国家的客户,这样他就可以同不同国家的商人做买卖了。可见 Java 虚拟机(JVM)的作用就是读取并处理经翻译过的、与平台无关的字节码 class 文件;而 Java 解释器是负责将 Java 虚拟机的代码在特定的平台上运行。JVM 的基本原理如图 1-2 所示。

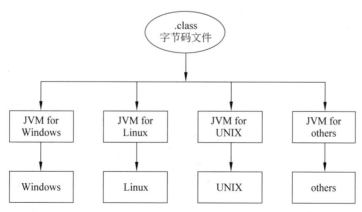

图 1-2　JVM 基本原理

需要注意的是,Java 程序通过 Java 虚拟机可以达到跨平台特性,但 Java 虚拟机并不是跨平台的。也就是说,不同操作系统上的 Java 虚拟机是不同的,即 Windows 平台上的 Java 虚拟机不能用在 Linux 平台上,反之亦然。

1.2.1　什么是 JDK

JDK(Java Development Kit) 称为 Java 开发包或 Java 开发工具,是一个写 JavaApplet 小程序和 Application 应用程序的开发环境。JDK 是整个 Java 的核心,包括了 Java 运行环境,一些 Java 工具和 Java 的核心类库(Java API)。无论什么 Java 应用服务器,都内置了某个版本的 JDK。

作为 JDK 应用程序,工具库中有 7 种主要程序。

(1) javac：Java 编译器,将.java 源代码文件转换成.class 字节码文件。

(2) java：Java 解释器,直接解释执行 Java 字节码文件,即 application。

(3) appletviewer：小应用程序浏览器,一种执行 HTML 文件上的 Java 应用小程序的 Java 浏览器,即 Applet。

(4) javadoc：根据 Java 源码及说明语句生成 HTML 文档。

(5) jdb：Java 调试器,可以逐行执行程序,设置断点和检查变量。

(6) javah：产生可以调用 Java 过程的 C 过程,或建立能被 Java 程序调用的 C 过程的头文件。

(7) javap：Java 反汇编器,显示编译类文件中的可访问功能和数据,同时显示字节代码含义。

1.2.2　什么是 JRE

JRE 是 Java 运行环境,是运行 Java 程序所必需的环境集合,包含 JVM 标准实现及 Java 核心类库。JRE 不包含开发工具,如编译器、调试器和其他工具。

JRE 和 JDK 有什么样的关系呢？JRE 是个运行环境,JDK 是个开发环境。因此写 Java 程序的时候需要 JDK,而运行 Java 程序的时候就需要 JRE。JDK 里面已经包含了 JRE,因此安装 JDK 后除了可以编辑 Java 程序外,也可以正常运行 Java 程序。JVM、JRE 和 JDK 的关系如图 1-3 所示。

图 1-3　JVM、JRE 和 JDK 的关系图

1.3　JDK 的使用

SUN 公司提供了一套 Java 开发环境,简称 JDK,它是整个 Java 的核心,其中包括 Java 编译器、Java 运行工具、Java 文档生成工具、Java 打包工具等。

1.3.1　安装 JDK

为了满足用户的需求，JDK 的版本也在不断升级。本书以 JDK8 为例介绍 JDK 的安装方法，可以在 Oracle 的官网（网址是 http://www.oracle.com）下载 JDK8。具体步骤如下。

（1）关闭其他正在运行的程序，双击 jdk-8u131-windows-x64.exe 文件开始安装，弹出如图 1-4 所示的 JDK 安装向导框，单击"下一步"按钮。

图 1-4　JDK 安装向导框

（2）在图 1-5 中，选择安装全部的 JDK 功能，包括开发工具、源代码、公共 JRE 等。用默认路径即可，也可以自己修改安装路径，单击"下一步"按钮。

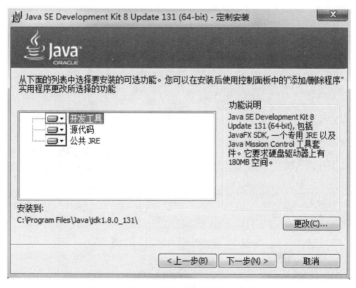

图 1-5　JDK 安装功能及位置选择框

（3）在图 1-6 中，显示的是 JDK 的安装进度。

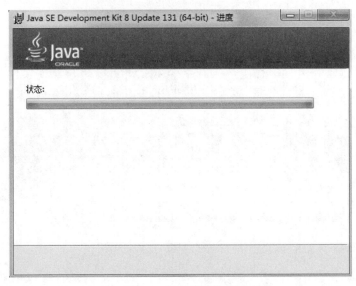

图 1-6　JDK 安装进度

（4）在第（2）步已经选择了安装公共 JRE，图 1-7 中显示的是 JRE 安装路径修改框，可以修改，也可以用默认路径。

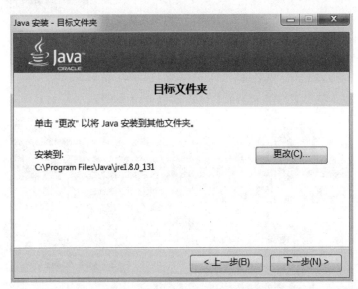

图 1-7　JRE 安装路径选择框

（5）在图 1-8 中，显示的是 JRE 安装进度。

（6）在图 1-9 中，显示的是安装完成框，单击"关闭"按钮。

1.3.2　系统环境变量

安装 JDK 后，需要设置环境变量及测试 JDK 配置是否成功，具体步骤如下。

图 1-8　JRE 安装进度框

图 1-9　安装完成框

（1）在 Windows 桌面上右击"计算机"图标，在弹出的菜单中选择"属性"命令，弹出如图 1-10 所示的基本信息框，选择"高级系统设置"选项。

（2）在图 1-11 中，单击"环境变量"按钮。

（3）在图 1-12 中，单击"系统变量"框下方的"新建"按钮，新建系统变量。

（4）在"新建系统变量"对话框的"变量名"文本框中输入 JAVA_HOME，在"变量值"文本框中输入 JDK 的安装路径 C:\Program Files\Java\jdk1.8.0_131，如图 1-13 所示。单击"确定"按钮，完成环境变量 JAVA_HOME 的配置。

（5）在系统变量中查找 Path 变量，如果不存在，则新建系统变量 Path；否则选择该变量，单击"编辑"按钮，打开"编辑系统变量"对话框，如图 1-14 所示。

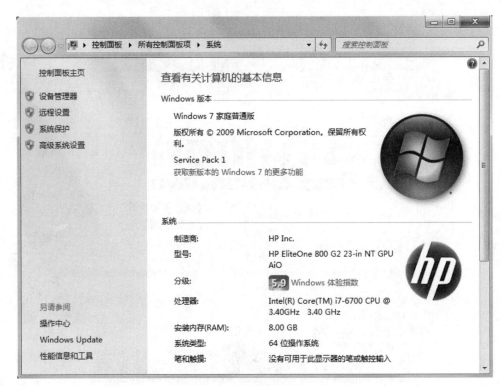

图 1-10　系统基本信息框

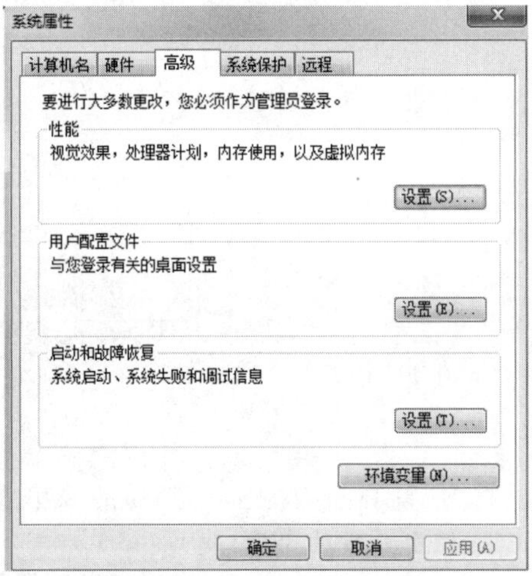

图 1-11　"系统属性"对话框

在该对话框的"变量值"文本框的末尾添加以下内容：

;%JAVA_HOME%\bin;

注意：不能把原来 Path 中的其他内容去掉或修改，只能在原来基础上添加。

（6）单击"确定"按钮，返回"环境变量"对话框。在"系统变量"列表中查看 CLASSPATH 变量，如果不存在，则新建变量 CLASSPATH，变量的值为

图 1-12　"环境变量"对话框

图 1-13　"新建系统变量"对话框

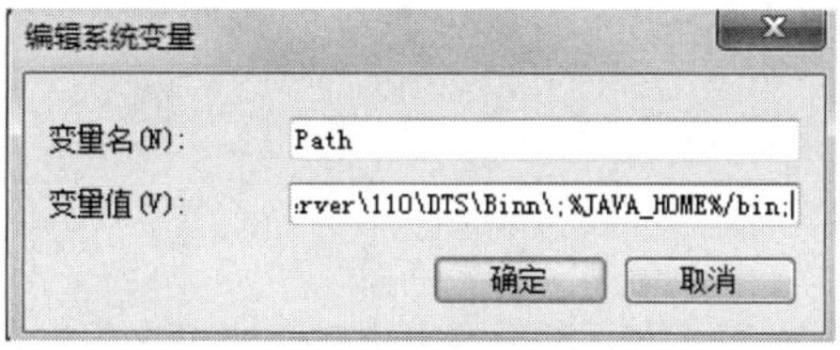

图 1-14　"编辑系统变量"对话框

.; %JAVA_HOME%\lib\tools.jar; %JAVA_HOME%\lib\dt.jar;

（7）JDK 程序的安装和配置完成后，可以测试 JDK 是否能够在机器上运行。

在"开始"→"运行"窗口中输入 cmd，将进入 DOS 环境。在命令提示符后面直接输入 javac 后按 Enter 键，如果配置成功，会出现当前 javac 命令相关的参数说明，如图 1-15 所示。

1.3.3　Java 程序的编写和运行

1. Java 程序的编写

为了更进一步地了解 Java 的运行环境，首先通过"记事本"来编辑一个简单的 Java 程序，然后对其进行编译并运行。

图 1-15　测试 JDK 是否成功

编程实现在屏幕上输出 Welcome to Java World。

```java
public class Welcome {
    public static void main(String[] args) {
        System.out.println("Welcome to Java World");
    }
}
```

程序运行结果是在屏幕上输出 Welcome to Java World 字符串信息。

说明：

（1）源文件的名称一定要和 public 类的名称保持一致。Java 程序的类名称是指 class 关键词（keyword）后的名称，就本例而言，类名即为 Welcome。

（2）源文件的扩展名必须为 java。

（3）Java 语言区分大小写。在 Java 程序中，System 和 system 是两个不一样的名称。

（4）空格只能是半角空格符或是 Tab 字符。其他字符如小括号、双引号等均要求为英文字符。

（5）一个 .java 源文件中可以包含多个类，但只能有一个 public 类。

（6）若 .java 文件中包含了多个类，编译后会生成多个对应的 .class 文件。

2. java 程序的编译

利用 JDK 中提供的 Java 编译器——javac 命令，可将 Java 源文件编译成 Java 虚拟机能够解释执行的字节码文件。对于本例，在命令提示符下输入：

```
javac Welcome.java
```

如果命令提示符窗口没有提示错误信息，则说明源文件已经编译成功，并在当前目录下产生一个扩展名为 class 的字节码文件，该文件即为源文件编译后的字节码文件。Javac 是 java 语言的编译程序，它能将 java 源文件编译成.class 字节码文件。

Java 源程序编译为字节码文件后，便可在 Java 虚拟机中执行。在命令提示符下输入：

```
java Welcome
```

在屏幕上会显示 Welcome to Java World 字符串信息。

1.4　Java 开发工具 Eclipse

Eclipse 是著名的、跨平台的自由集成开发环境（IDE）。最初主要用来 Java 语言开发，通过安装不同的插件，Eclipse 可以支持不同的计算机语言，如 C++ 和 Python 等开发工具。Eclipse 的本身只是一个框架平台，但是众多插件的支持使得 Eclipse 拥有其他功能相对固定的 IDE 软件很难具有的灵活性。许多软件开发商以 Eclipse 为框架开发自己的 IDE。

1.4.1　Eclipse 简介

Eclipse 是一个基于 Java 的、开放源码的、可扩展的应用开发平台，它为编程人员提供了一流的 Java 集成开发环境（Integrated Development Environment，IDE）。它是一个可以用于构建集成 Web 和应用程序的开发平台，其本身并不提供大量的功能，而是通过插件来实现程序的快速开发功能。

Eclipse 是一个成熟的可扩展体系结构，它的价值体现在为创建可扩展的开发环境提供了一个开发源代码的平台。这个平台允许任何人构建与环境或其他工具无缝衔接的工具，而工具与 Eclipse 无缝衔接的关键是插件。Eclipse 还包括插件开发环境（Plug-in Development Environment，PDE），PDE 主要是针对那些希望扩展 Eclipse 的编程人员而设定的，这也是 Eclipse 最具魅力的地方。通过不断地集成各种插件，Eclipse 的功能也在不断地发展，以便支持各种不同的应用。

1.4.2　Eclipse 的安装与启动

Eclipse 的安装与启动的具体步骤如下。

（1）可以从 Eclipse 的官方网站（http://www.eclipse.org）下载最新版本的 Eclipse。然后安装即可使用。

（2）Eclipse 初次启动时，需要设置工作空间，本书使用默认的目录，如图 1-16 所示。

在每次启动 Eclipse 时，都会出现设置工作空间的对话框。如果不需要每次启动都出现该对话框，可勾选 Use this as the default and do not ask again 选项将该对话框屏蔽。

单击 Launch 按钮，即可启动 Eclipse，进入 Eclipse 的工作台，如图 1-17 所示。

（3）在 Eclipse 中选择 File→New→Java Project 菜单项，打开如图 1-18 所示的 New Java Project 对话框。

（4）在 Project name 框中输入 ExampleTest，然后单击 Finish 按钮，完成 Java 项目的创建，如图 1-19 所示。

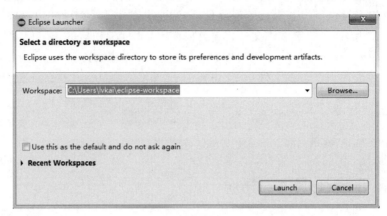

图 1-16　设置工作空间

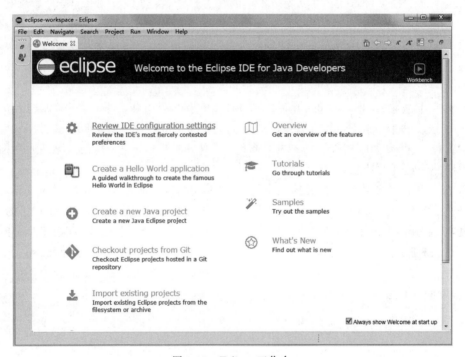

图 1-17　Eclipse 工作台

（5）新建完 Java 项目以后，可以在项目中创建 Java 类，具体步骤如下。

① 在包资源管理器中，右击要创建 Java 类的项目，从弹出的快捷菜单中选择 New/class 菜单项。

② 在弹出的 New Java Class 对话框中设置包名（这里为 com）和要创建的 Java 类的名称（这里为 HelloWorld），如图 1-20 所示。

③ 勾选"public static void main（String[] args）"。单击 Finish 按钮，完成类的创建，如图 1-21 所示。

④ 在编译器中可以编写 Java 程序代码。编写 HelloWorld 类的代码，具体内容如下：

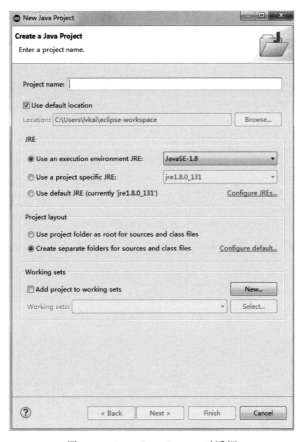

图 1-18　New Java Project 对话框

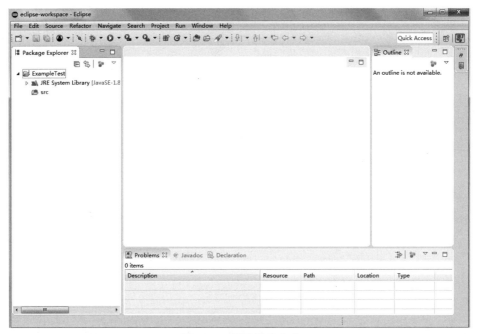

图 1-19　项目创建成功

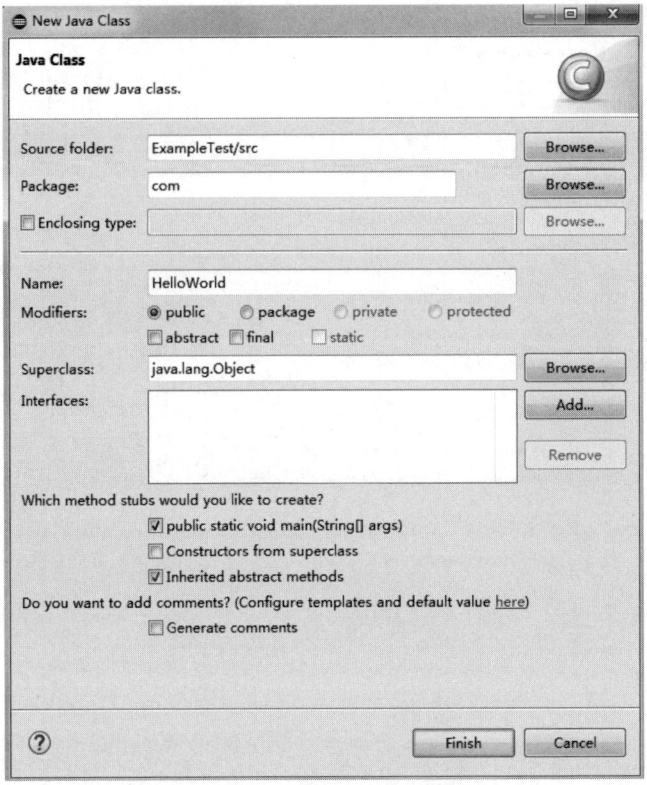

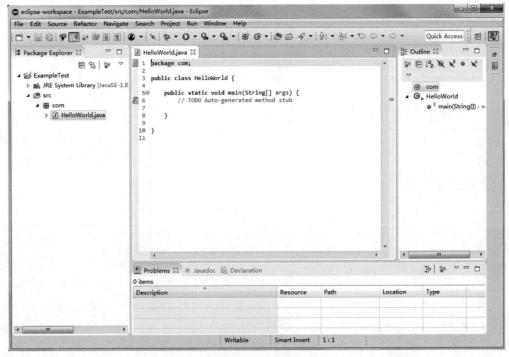

图 1-20　New Java Class 对话框

图 1-21　类创建成功

```
package com;
public class HelloWorld {
        public static void main(String[] args) {
            System.out.println("hello world");
        }
}
```

⑤ 单击 ⏵ ▾ 按钮右侧的小箭头，在弹出的下拉菜单中选择 Run As/Java Application 选项。此时，程序开始运行，在控制台视图中将显示运行结果，如图 1-22 所示。

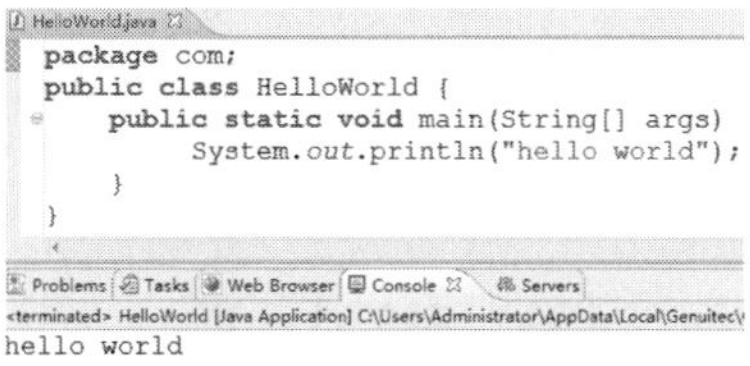

图 1-22　程序运行结果

1.4.3　Java 注释

为代码添加注释是一个良好的编程习惯，因为添加注释有利于代码的维护和阅读。Java 中支持 3 种格式的注释：单行注释、多行注释和文档注释。

（1）单行注释使用//表示，也就是说该行中从//开始的内容均为注释部分。例如：

```
package com;
public class HelloWorld {   //类名是 HelloWorld
        public static void main(String[] args) {
            System.out.println("hello world");
        }
}
```

（2）多行注释使用/ * 开始，使用 * /结束。例如：

```
package com;
public class HelloWorld {   //类名是 HelloWorld
    /*
    以下是 main 方法，是程序的入口
    */
        public static void main(String[] args) {
            System.out.println("hello world");
        }
}
```

（3）文档注释使用/**开头，并以 * /结束。例如：

```
/**
这是一个完成的类
*/
package com;
public class HelloWorld {    //类名是 HelloWorld
    /*
    以下是 main 方法,是程序的入口
    */
        public static void main(String[] args) {
            System.out.println("hello world");
        }
}
```

本 章 小 结

本章首先介绍了 Java 技术的相关概念、3 个不同的版本以及 Java 语言的特点,使读者对 Java 语言有一个初步的认识。然后带领读者完成 Java 开发环境的搭建,其中包括 JDK8 的下载和安装步骤。JDK8 是 Java 程序最新的开发环境,它同时绑定了 JRE,即 Java 运行环境。同时介绍了环境变量的配置和测试方法。最后,为使读者能够快速掌握 Java 语言程序设计的相关语法、技术以及其他知识点,介绍了目前流行的开发工具 Eclipse 以及用法。

习　题

一、填空题

1. Java 的 3 个技术平台分别是＿＿＿＿、＿＿＿＿和＿＿＿＿。

2. Java 程序的运行环境简称为＿＿＿＿。

3. Java 源程序文件和字节码文件的扩展名分别是＿＿＿＿和＿＿＿＿。

二、选择题

1. Java 属于以下(　　)语言。

　　A. 机器　　　　　　B. 高级　　　　　　C. 汇编　　　　　　D. 以上都不是

2. Java 程序经过编译后生成的文件的后缀是(　　)。

　　A. .obj　　　　　　B. .exe　　　　　　C. .class　　　　　　D. .java

3. Java 程序运行时,必须经过(　　)和运行两个步骤。

　　A. 编辑　　　　　　B. 汇编　　　　　　C. 编码　　　　　　D. 编译

CHAPTER 第 2 章

Java 语法基础

本章学习重点：

- 熟练掌握 Java 的基本语法。
- 理解 Java 的常量和变量。
- 熟练掌握 Java 的基本数据类型及类型转换。
- 理解 Java 的运算符。
- 理解 Java 程序的流程控制。

2.1 Java 语法

每一种语言都有自己的语法规则，Java 同样也需要遵从一定的规范，如代码的书写、标识符的定义、关键字的应用等。因此，要学好 Java 语言，首先要熟悉它的基本语法。接下来详细讲解 Java 的基本语法。

2.1.1 基本语句

在 Java 程序中，所有任务都是由一系列语句组成的。在编程语言中，语句是最简单的命令，它会告诉计算机执行某种操作。

语句表示程序中发生的单个操作，首先看两条简单的语句：

```
int a=5;
System.out.println(a);
```

还有些语句能够提供一个值，例如将两个数相加，生成一个值的语句称为表达式，这个值供程序使用。

Java 程序中通常每条语句占一行，但这只是一种格式规范，并不能决定语句到哪里结束，Java 语句都以分号(;)结尾，可以在一行写多条语句，示例如下：

```
int a1=1;int a2=2;
```

上面是两条语句，但为了让程序便于阅读和理解，建议写代码时遵循格式规范，每条语句占一行。

2.1.2　基本格式

Java 语言的语法简单明了,容易掌握,它有着自己独特的语法规范,因此要学好 Java 语言,首先需要学习它的基本语法。

1. 类

类(class)是 Java 的基本结构,一个程序可以包含一个或多个类,Java 使用 class 关键字声明一个类,其语法格式如下:

```
修饰符 class 类名{
    程序代码
}
```

如上所示为声明一个类的格式,接下来按照这个格式来声明一个类,具体示例如下:

```
public class HelloWorld {
}
```

2. 修饰符

修饰符(modifier)用于指定数据、方法、类的属性以及用法,具体示例如下:

```
public class HelloWorld {
    public static void main(String[] args) {
    }
}
```

3. 块

Java 中使用左大括号({)和右大括号(})将语句编组,组中的语句称为代码块或块语句,具体示例如下:

```
{
    int a1=1;
    int a2=2;
}
```

如上所示的两条语句在大括号内,称为块语句。

2.1.3　Java 中的标识符和关键字

1. Java 标识符

Java 语言中的类名、对象名、方法名、常量名和变量名统称为标识符。

为了提高程序的可读性,在定义标识符时,要尽量遵循“见其名知其意”的原则。Java 标识符的具体命名规则如下:

(1) 一个标识符可以由几个单词连接而成,以表明它的意思;

(2) 标识符可以由英文字母、数字、下画线(_)、美元符号($)组合而成;

（3）标识符的第一个字符不能为数字；

（4）标识符不能是关键字；

（5）标识符不能是 true、false 和 null；

（6）对于类名，通常每个单词的首字母都要大写，其他字母则小写，如 StudentInfo；

（7）对于方法名和变量名，除了第一个单词的首字母小写外，其他单词的首字母都要大写，如 getName( )、setName( )；

（8）对于常量名，通常每个单词的每个字母都要大写，如果由多个单词组成，通常情况下单词之间用下画线分隔，如 MAX_VALUE；

（9）对于包名，通常每个单词的每个字母都要小写，如 com.oracle。

2. Java 关键字

关键字是编程语言里事先定义好并赋予了特殊含义的单词，也称为保留字。和其他语言一样，Java 中保留了很多关键字，例如 class、public 等。下面列举的是 Java 中的关键字，如表 2-1 所示。

表 2-1　Java 中的关键字

abstract	boolean	break	byte
case	catch	char	class
continue	default	do	double
else	extends	false	final
finally	float	for	if
implements	import	instanceof	int
interface	long	native	new
null	package	private	protected
public	return	short	static
super	switch	synchronized	this
throw	throws	transient	try
true	void	volatile	while

表 2-1 列举的关键字中，每个关键字都有特殊的作用。如 package 关键字用于包的声明，import 关键字用于引入包，class 关键字用于类的声明。在本书后面的章节将逐步对其他关键字进行讲解，在此没有必要对所有关键字进行记忆，只须了解即可。

使用关键字时，需要注意的地方如下：

（1）所有的关键字都是小写的。

（2）程序中的标识符不能以关键字命名。

（3）goto 和 const 关键字也被称为保留字，是 Java 现在还未使用，但可能在未来的 Java 版本中会使用的关键字。

2.2 基本数据类型

在 Java 编程语言中,主要有两种类型的数据,基本数据类型和引用数据类型。基本数据类型是由一组简单数据组成的数据类型,其数据是不可分解的。Java 的引用数据类型包括数组、类和接口。数组型变量本身不存储实际的值,而是代表了指向内存中存放实际数据的位置,这与基本类型有很大差别。

另外,还有一种 null 类型,没有名字,因此不能声明 null 类型的变量,它通常被表达式描述成空类型。

Java 语言中只包含 3 种基本数据类型,根据存储类型分为数值型、字符型和布尔型,如图 2-1 所示。

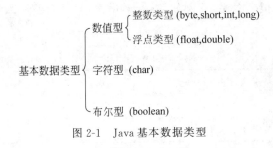

图 2-1　Java 基本数据类型

2.2.1 整数类型

整数类型变量用来存储整型值,即数据中不含有小数或分数。在 Java 中,整数类型分为字节型(byte)、短整型(short)、整型(int)和长整型(long)4 种,4 种类型所占内存空间大小和取值范围如表 2-2 所示。

表 2-2　整数类型

类　　型	空 间 大 小	取 值 范 围	默 认 值
byte	8 位(1 字节)	$-2^7 \sim 2^7-1$	(byte)0
short	16 位(2 字节)	$-2^{15} \sim 2^{15}-1$	(short)0
int	32 位(4 字节)	$-2^{31} \sim 2^{31}-1$	0
long	64 位(8 字节)	$-2^{63} \sim 2^{63}-1$	0L

表 2-2 中列出了 4 种整数类型变量所占内存空间的大小和取值范围。如一个 byte 类型的变量会占用 1 字节大小的内存空间,存储的值必须是在 $-2^7 \sim 2^7-1$ 的整数。

整数类型的表现方式有八进制、十进制、十六进制。这 3 种表现形式如下所示:

八进制数如 0645、0251 等;

十进制数如 34、231、3233 等;

十六进制数如 0x23f、0x45a、0xff41 等。

由上面的例子可以看出:八进制表示法是在八进制数值前面加 0;十进制表示法与一般

十进制数的写法相同；十六进制的表示法是在十六进制数值前面加 0x 或 0X。

在 Java 中直接给出一个整型值，其默认类型就是 int 类型。使用中通常有两种情况，具体如下：

```
byte a=10;
```

直接将一个在 byte 或 short 类型取值范围内的整数值赋给 byte 或 short 变量，系统会自动把这个整数当成 byte 或 short 类型来处理。

将一个超出 int 取值范围的整数值赋给 long 变量，系统不会自动把这个整数值当成 long 类型来处理，此时必须声明 long 型常量，即在整数值后面添加字母 l 或 L。如果整数值未超过 int 型的取值范围，则可以省略字母 l 或 L。

```
long a=10000;            //未超出 int 取值范围,可省略 L,也可以加 L
long b=1000000000L;      //超出 int 取值范围,必须加 L
```

2.2.2 浮点类型

浮点数据用来表示一个带小数的十进制数，如 11.7 或 2.3。它主要由如下几部分组成：十进制整数、小数点、十进制小数、指数和正负符号。浮点数可用标准形式表示，也可用科学记数法形式表示。例如 3.1415926，3.766E8。

Java 有两种浮点数形式，即单精度浮点数和双精度浮点数。两种类型所占内存空间大小和取值范围如表 2-3 所示。

表 2-3 浮点类型

类 型	空 间 大 小	取 值 范 围	默 认 值
float	32 位（4 字节）	$-3.4 \times 10^{38} \sim 3.4 \times 10^{38}$	0.0f
double	64 位（8 字节）	$-1.79 \times 10^{308} \sim 1.79 \times 10^{308}$	0.0d

Java 通过在浮点数后面加描述符的方法来指明这两种浮点数。例如：

单精度浮点数：1.5 或 1.5f 或 1.5F。

双精度浮点数：1.6D 或 1.6d。

如果一个浮点数没有特别指明后缀，则为双精度浮点数。

```
double a=1.0;
float b=1.0;              //错误
float c=1.0f;
```

【例 2-1】 用双精度浮点数计算一个正方形的面积。

```
public class AreaDemo{
    public static void main(String args[]) {
        double x,y,s;
```

```
        x=8.2;
        y=5.3;
        s=x * y;
        System.out.println("Area is"+s);
    }
}
```

2.2.3　布尔类型

布尔类型只有两种值：真和假，通常用关键字 true 和 false 来表示。与 C++ 语言不同的是，Java 的布尔类型只能是真或假，不能代表整数（0 或 1）。Java 的布尔类型用 boolean 表示，占用 1 字节内存空间，布尔类型的默认值是 false。具体示例如下：

```
boolean a1=true;
boolean a2=false;
boolean a3=1;        //不能用非 0 来代表真,错误
boolean a4=0;        //不能用 0 来代表假,错误
```

【例 2-2】　布尔类型实例。

```
public class  BoolDemo{
    public static void main(String args[]) {
        boolean  b;
        b=false;
        System.out.println("b is"+b);
        b=true;
        System.out.println("b is"+b);
        if (b) {
            System.out.println("This is executed.");
        }
        b=false;
        if (b) {
            System.out.println("This is not executed.");
        }
        System.out.println("10>9 is"+(10>9));
    }
}
```

这个程序的运行结果如下：

```
b is false
b is true
This is executed.
10>9 is true.
```

2.2.4　字符类型

字符型变量用来存储单个字符,字符型值必须使用英文半角格式的单引号引起来,如 'a'、'b'。Java 语言使用 char 表示字符型,占用 2 字节内存空间,取值范围为 $0 \sim 65535$ 的整数,默认值是'\n0000'。Java 语言采用 16 位 Unicode 字符集编码,Unicode 为每个字符制订一个统一并且唯一的数值,Unicode 字符集中的前 128 个字符与 ASCII 字符集兼容。例如,字符'a'的 ASCII 编码的二进制数据形式为 01100001,Unicode 字符编码的二进制数据形式为 00000000 01100001,它们都表示十进制数 97,因此,Java 与 C、C++ 一样,同样把字符作为整数对待。

【例 2-3】　字符变量操作实例。

```java
public class CharDemo{
    public static void main(String  args[]) {
        char  a,b;
        a = 'X';
        b=88;
        System.out.println("a is "+a);
        System.out.println("b is "+b);
        a = (char)(a+1);
        System.out.println("a is now "+a);
    }
}
```

运行结果如下:

```
a is X
b is X
a is now Y
```

2.3　常量和变量

在程序中存在大量的数据来表示程序的状态,其中有些数据在运行过程中不会发生变化,有些数据在程序的运行过程中值会发生变化,这些数据在程序中分别被称为常量和变量。

2.3.1　常量

常量的值是固定的,不可改变的。有时利用常量来定义,如 $\pi(3.1415926)$ 这样的数学值。另外也可以利用常量来定义程序中的一些界限,如数组的长度;或者利用常量定义对于应用程序具有专门含义的特殊值。在 Java 中利用关键字 final 声明常量。

【例 2-4】　使用 final 声明常量实例。

```java
public class FinalDemo{
    public static void main(String args[]) {
```

```
        final double M = 2.54;
        double width = 8.5;
        double height = 11;
        System.out.println("paper size in centimeters:" +width * M +"by"
                +height * M);
    }
}
```

关键字 final 表示这个变量只能被赋值一次。一旦被赋值之后，就不能再修改了。习惯上常量名使用大写字母。

2.3.2　变量

变量的使用是程序设计中一个十分重要的环节,定义变量就是告诉编译器这个变量的数据类型,这样编译器才知道需要配置多少内存空间给它,以及它能存放什么样的数据。在程序运行过程中,空间内的值是变化的,这个内存空间就称为变量,为了便于操作,给这个空间取个名字,称为变量名。变量的命名必须是合法的标识符。内存空间内的值就是变量值,在声明变量时可以不赋值,也可以直接赋给初值。

声明变量的语法格式如下:

数据类型 变量名;

如需声明多个相同类型变量时,可使用下面的语法格式:

数据类型 变量名 1,变量名 2,…,变量名 n;

具体示例如下:

```
int n,q=1;
double x,y,z;
```

对于变量的命名并不是任意的,应遵循以下 4 条规则:

(1) 变量名必须是一个有效的标识符;

(2) 变量名不可以使用 Java 关键字;

(3) 变量名不能重复;

(4) 应选择较有意义的单词作为变量名。

2.3.3　数据类型之间的相互转换

整型、浮点型、字符型数据可以混合运算。运算中,不同类型的数据先转换为同一类型,然后进行运算。按照优先关系,转换分为两种,自动类型转换和强制类型转换。

1. 自动类型转换

按照优先关系,低级数据要转换成高级数据时,进行自动类型转换。转换规则如表 2-4 所示。

表 2-4　自动转换规则

操作数 1 类型	操作数 2 类型	转换后的类型
byte 或 short	int	int
byte 或 short 或 int	long	long
byte 或 short 或 int 或 long	float	float
byte 或 short 或 int 或 long 或 float	double	double
char	int	int

其中,操作数 1 类型和操作数 2 类型代表参加运算的两个操作数的类型,转换后的数据类型代表其中一个操作数自动转换后与另一操作数达成一致的类型。

【例 2-5】　自动类型转换实例。

```
public class   AutotypePromotDemo{
    public static void main(String args[]){
        char   c='h';
        byte   b=5;
        int   i=65;
        long   a=465L;
        float   f=5.65f;
        double d=3.234;
        int   ii=c+i;     //char 类型的变量 c 自动转换为与 i 一致的 int 类型参加运算
        long   aa=a-ii;  //int 类型的变量 ii 自动转换为与 a 一致的 long 类型参加运算
        float   ff=b * f; //byte 类型的变量 b 自动转换为与 f 一致的 float 类型参加运算
        double   dd=ff/ii+d;
        //int 类型的变量 ii 自动转换为与 ff 一致的 float 类型
        //ff/ii 计算结果为 float 类型,然后再转换为与 d 一致的 double 类型
        System.out.println("ii="+ii);
        System.out.println("aa="+aa);
        System.out.println("ff="+ff);
        System.out.println("dd="+dd);
    }
}
```

程序运行结果如下:

```
ii=169
aa=296
ff=28.25
dd=3.401159765958786
```

2. 强制类型转换

当进行类型转换时要注意使目标类型能够容纳原类型的所有信息,允许的转换包括

byte→short→int→long→float→double 以及 char→int

如上所示，把位于左边的一种类型的变量赋给位于右边的类型的变量不会丢失信息。需要说明的是，当执行一个这里并未列出的类型转换时可能并不都会丢失信息，但进行一个理论上并不安全的转换总是很危险的。

强制类型转换只不过是一种显式的类型转换，它的通用格式如下：

```
(target_type)value
```

其中，目标类型(target_type)指定了要将指定值转换成的类型。

上面的程序段将 int 强制转换成 byte 型，如果整型的值超出了 byte 型的取值范围，它的值将会因为对 byte 型值域取模(整数除以 byte 得到的余数)而减少。

当把浮点型赋给整数类型时，它的小数部分会被舍去，例如，如果将值 1.23 赋给一个整数，其结果值只是 1，而 0.23 被舍弃了。

【例 2-6】 强制类型转换实例。

```java
public class ConversionDemo{
    public static void main(String args[]){
        byte   b;
        int    i=257;
        double d=323.142;
        System.out.println("\nConversion of int to byte.");
        b=(byte) i;
        System.out.println("I and b "+i+" "+b);
        System.out.println("\nConversion of double to int.");
        i=(int) d;
        System.out.println("d and I"+d+""+i);
        System.out.println("\nConversion of double to byte.");
        b=(byte) d;
        System.out.println("d and b"+d+" "+b);

    }
}
```

程序的运行结果如下：

```
I and b 257 1
d and I 323.142 323
d and b 323.142 67
```

让我们看看每一个类型转换，当值 257 被强制转换为 byte 变量时，257 对应的二进制数是 100000001，由于 byte 类型的存储空间是 8 位，对 100000001 进行截取，结果为00000001，转换为十进制为 1。当把变量 d 转换为 int 型，它的小数部分被舍弃了，当把变量d 转化 byte 型，它的小数部分被舍弃了，然后截取对应二进制数的后 8 位，为 67。

2.4　运算符和表达式

程序是由许多语句组成的,而语句组成的基本单位就是表达式与运算符。Java 提供了很多的运算符,这些运算符除了可以处理一般的数学运算外,还可以做逻辑运算、位运算等。根据功能的不同,运算符可以分为算术运算符、赋值运算符、关系运算符、逻辑运算符和位运算符。

2.4.1　算术运算符和算术表达式

算术运算符的操作数必须是数字类型,算术运算符不能用在 boolean 类型上,但是可以用在 char 类型上,因为实质上在 Java 中,char 类型是 int 类型的一个子集。Java 中的算术运算符及使用规范如表 2-5 所示。

表 2-5　算术运算符

运　算　符	运　　算	示　　例	结　　果
＋	加	1＋1	2
－	减	1－1	0
＊	乘	1＊2	2
/	除	10/5	2
％	取模(求余)	10％4	2
++	自增	a＝1 b＝++a a＝1 b＝a++	a＝2 b＝2 a＝2 b＝1
－－	自减	a＝1 b＝－－a a＝1 b＝a－－	a＝0 b＝0 a＝0 b＝1

这些算术运算符适用于所有数值型数据类型。但要注意,如果操作数全为整数,那么只要其中一个为 long 型,则表达式结果为 long 型;其他情况下,即使两个操作数全是 byte 型或 short 型,表达式结果也为 int 型;如果操作数为浮点型,那么只要其中有一个为 double 型,表达式结果就是 double 型;只有两个操作数全是 float 型或其中一个为 float 型,而另外一个是整型时,表达式结果才是 float 型。另外,当“/”运算和“％”运算中除数为 0 时,会产生异常。

【例 2-7】　算术运算符例题 1。

```
public class ArithmaticDemo1 {
    public static void main(String args[]){
        int  a=7/2;       //结果为 3,两个操作数都为 int 型,结果也为 int 型
        double b=7/2.0;   //结果为 3.5,其中一个操作数为 double 型,结果也为 double 型
        byte  x=5,y=6;
        long  r=90L;
        long  g=r/a;      //结果为 30L,其中一个操作数为 long 型,结果也为 long 型
        int  c=x*y;       //结果为 30,两个操作数都为 byte 型,结果为 int 型
```

```
    float   z=8.3f,   w=2.9f;
    float   d=z+w;      //结果为 11.2f,两个操作数都为 float 型,结果也为 float 型
    float   e=c-z;      //结果为 21.7f,其中一个操作数为 float 型,结果也为 float 型
    double  f=b%a;      //结果为 0.5,取模运算,其中一个操作数为 double 型
  }
}
```

【例 2-8】 算术运算符例题 2。

```
public class ArithmaticTest2{
      public static void main(String args[]) {
        System.out.println(10/3);        //3
        System.out.println(10/0);        //除数不能为 0,错误
        System.out.println(10/3.0);      //3.3333333333333
        System.out.println(10.0/0);      //Infinity,正无穷大
        System.out.println(-10/0.0);     //-Infinity,负无穷大
        System.out.println(5.5%3.2);     //2.3
        System.out.println(5%0.0);       //NaN,非数
        System.out.println(-5%0.0);      //NaN,非数
        System.out.println(0%5.0);       //0.0
        System.out.println(0%0.0);       //NaN,非数
        System.out.println(5%0);         //除数不能为 0,错误
        System.out.println((-5)%3);      //-2
        System.out.println(5%(-3));      //2
      }
}
```

取模运算结果的正负取决于被取模数(被除数)的符号,与模数(除数)的符号无关。

2.4.2 赋值运算符和表达式

赋值运算符用于为变量指定值,不能为常量或表达式赋值。当赋值运算符两边的数据类型不一致时,使用自动类型转换或强制类型转换进行处理。Java 中的赋值运算符和示例如表 2-6 所示。

表 2-6 赋值运算符

运　算　符	运　　算	示　　例	结　　果
＝	赋值	a＝3;b＝2	a＝3;b＝2
＋＝	加等于	a＝3;b＝2;a＋＝b	a＝5;b＝2
－＝	减等于	a＝3;b＝2;a－＝b	a＝1;b＝2
＊＝	乘等于	a＝3;b＝2;a＊＝b	a＝6;b＝2
/＝	除等于	a＝3;b＝2;a/＝b	a＝1;b＝2
％＝	取模等于	a＝3;b＝2;a％＝b	a＝1;b＝2

赋值语句的结果是将表达式的值赋给左边的变量。具体示例如下：

```
int a=5;
int x,y,z;
x=y=z=5;
```

除了"="运算符外，其他都是扩展赋值运算符，编译器首先会进行运算，再将运算结果赋值给变量。具体示例如下：

```
int b=1;
b+=1;
b*=2;
```

变量在赋值时，如果两种类型彼此不兼容，或者目标类型取值范围小于原类型时，需要进行强制类型转换。而使用扩展运算符赋值时，强制类型转换将自动完成，不需要显式声明的强制转换。具体示例如下：

```
byte b=1;
b=b+1;          //错误，因为常量 1 默认是 int 类型，b+1 就是 int 类型
b+=1;           //正确，自动完成强制类型转换
```

【例 2-9】　赋值运算符例题。

```java
public class OperatorSample{
    public static void main(String args[]) {
        byte   a=60;
        short  b=4;
        int    c=30;
        long   d=4L;
        long   result=0L;
        result+=a-8;
        System.out.println("result+=a-8:"+result);
        result*=b;
        System.out.println("result*=b:"+result);
        result/=d+1;
        System.out.println("result/=d+1:"+result);
        result-=c;
        System.out.println("result-=c:"+result);
        result%=d;
        System.out.println("result%=d:"+result);
    }
}
```

2.4.3　关系运算符和表达式

关系运算符即比较运算符，用于比较两个变量或常量的大小，比较运算的结果是个布尔

值,即 true 或 false。Java 中的关系运算符和使用示例如表 2-7 所示。

表 2-7　关系运算符

运　算　符	运　算	示　例	结　果
==	等于	1==2	false
!=	不等于	1!=2	true
>	大于	1>2	false
<	小于	1<2	true
>=	大于或等于	1>=2	false
<=	小于或等于	1<=2	true

使用关系运算符需要特别注意,除"=="运算符之外,其他关系运算符都只支持左右两边的操作数都是数值类型的情况。只要进行比较的两个操作数是数值类型,不论它们的数据类型是否相同,都能进行比较。基本类型变量、常量不能和引用类型的变量、常量使用"=="进行比较。boolean 类型的变量、常量不能和其他类型的变量、常量使用"=="比较。如果引用类型之间没有继承关系,也不能使用"=="进行比较。

```
boolean a=1<2.0        //a=true
boolean a="0"<="0"     //<=不支持引用类型的比较,错误
boolean a=true!=0      //==不支持布尔类型与其他类型比较
boolean a=true==false  //a=false
```

2.4.4　逻辑运算符和表达式

逻辑运算符用于操作两个布尔型的变量和常量,其结果仍是布尔类型值。Java 中的逻辑运算符和使用范例如表 2-8 所示。

表 2-8　逻辑运算符

运　算　符	运　算	示　例	结　果
&	与	true&true true&false false&false false&true	true false false false
|	或	true|true true|false false|false false|true	true true false true
^	异或	true^true true^false false^false false^true	false true false true

运　算　符	运　算	示　例	结　果
!	非	! true ! false	false true
&&	短路与	true&&true true&&false false&&false false&&true	true false false false
||	短路或	true||true true||false false||false false||true	true true false true

1. & 、&& 运算符的区别

& 和 && 运算符都表示与操作,两者在使用上有一定的区别:使用 & 运算符,要求对运算符前后的两个操作数都进行判断;而使用 && 运算符,当运算符前面的操作数的值为 false,则其后面的操作数将不再判断,因此 && 被称为短路与。

【例 2-10】 & 、&& 实例。

```java
public class AndDemo {
    public static void main(String[] args) {
        int a=0;
        int b=0;
        boolean flag;
        flag = a>0 & ++a>0;
        System.out.println("& 运算结果:" +flag);
        System.out.println("a="+a);
        flag = b>0 && ++b>0;
        System.out.println("&& 运算结果:" +flag);
        System.out.println("b="+b);
    }
}
```

2. | 、|| 运算符的区别

| 和 || 运算符都表示或操作,两者在使用上有一定的区别:当使用|运算符,要求对运算符前后的两个操作数都进行判断;而使用||运算符,当运算符前面的操作数的值为 true,则其后面的操作数将不再判断,因此||被称为短路或。

【例 2-11】 | 、||实例。

```java
public class OrDemo {
    public static void main(String[] args) {
        int a = 0;
        int b = 0;
```

```
        boolean flag;
        flag = true | ++a>0;
        System.out.println("|运算结果:" +flag);
        System.out.println("a="+a);
        flag = true || ++b>0;
        System.out.println("||运算结果:" +flag);
        System.out.println("b="+b);
    }
}
```

2.4.5　位运算符和表达式

使用任何一种整数类型时,可以直接使用位运算符对这些组成整数的二进制位进行操作,Java 中的位运算符如表 2-9 所示。

表 2-9　位运算符

运　算　符	运　算	示　例	结　果
&	按位与	0&0 0&1 1&1 1&0	0 0 1 0
|	按位或	0|0 0|1 1|1 1|0	0 1 1 1
~	取反	~0 ~1	1 0
^	按位异或	0^0 0^1 1^1 1^0	0 1 0 1
<<	左移	0000 0001<<2 1000 0001<<2	0000 0100 0000 0100
>>	右移	0000 0100>>2 1000 0100>>2	0000 0001 1110 0001
>>>	无符号右移	0000 0100>>>2 1000 0100>>>2	0000 0001 0010 0001

位运算符只能操作整数类型的变量或常量。位运算符的运算规则如下。

(1) 按位与运算符(&),参与按位与运算的两个操作数相对应的二进制位上的值同为1,则该位运算结果为1,否则为0。

(2) 按位或运算符(|),参与按位或运算的两个操作数相对应的二进制位上的值有一个为1,则该位运算结果为1,否则为0。

(3) 取反运算符(~),单目运算符,即只有一个操作数,二进制位上的值为1,则取反值为 0;值为 0,则取反值为 1。

（4）按位异或运算符（^），参与按位异或运算的两个操作数相对应的二进制位上的值相同,则该位运算结果为 0,否则为 1。

（5）左移运算符（<<），将操作数的二进制位整体左移指定位数,左移后右边空位补 0,左边移出去的舍弃。

（6）右移运算符（>>），将操作数的二进制位整体右移指定位数,右移后左边空位以符号位填充,右边移出去的舍弃,即如果第一个操作数为正数,则左空位补 0;如果第一个操作数为负数,则左空位补 1。

（7）无符号右移运算符（>>>），将操作数的二进制位整体右移指定位数,右移后左边空位补 0,右边移出去的舍弃。

2.4.6 条件运算符和表达式

条件运算符是三元运算符,用"?"和":"表示。三元条件表达式的一般形式为

```
expression1? expression2: expression3
```

其中,表达式 expression1 是关系或逻辑表达式,其计算结果为布尔值。如果该值为 true,则结果为 expression2;如果该值为 false,则结果为 expression3。

例如：

```
a=30;
b=a>16? 160:180;
```

等号右边为条件表达式,a>16 的结果是 true,所以 b=160。三元条件运算符可以代替if…else 语句的功能,上述条件表达式等价于

```
if(a>16)
  b=160;
else
  b=180;
```

2.4.7 运算符的优先级

优先级就是在表达式运算中的顺序,运算符有不同的优先级。运算符的运算顺序称为结合性,Java 大部分运算符是从左向右结合的,只有单目运算符、赋值运算符和三目运算符是从右向左运算的。表 2-10 列出了 Java 中运算符的优先级,数字越小优先级越高。

表 2-10 运算符的优先级

优先级	运 算 符	说 明	结 合 性
1	( ) [ ] . , ;	分隔符	从左到右
2	! +(正) -(负) ~ ++ --	单目运算符	从右到左

续表

优先级	运 算 符	说　明	结 合 性
3	/ * %	算术运算符	从左到右
4	+（加）−（减）	算术运算符	从左到右
5	>> << >>>	位移运算符	从左到右
6	< <= > >== instanceof	关系运算符	从左到右
7	== !=	关系运算符	从左到右
8	&	位运算符	从左到右
9	^	位运算符	从左到右
10	|	位运算符	从左到右
11	&&	逻辑运算符	从左到右
12	||	逻辑运算符	从左到右
13	?:	三目运算符	从右到左
14	= += −+ *= /= %= &= |= ^= <<= >>= >>>=	赋值运算符	从右到左

不要过多依赖运算符的优先级来控制表达式的执行顺序，而应使用()来控制表达式的执行顺序。

2.5　程序流程控制

与其他程序设计语言一样，Java 使用控制语句来产生执行流，从而完成程序状态的改变。Java 的程序控制语句分为顺序结构、选择结构和循环结构 3 种，这 3 种不同的结构有一个共同点，就是它们都有一个入口，也只有一个出口。下面详细介绍这 3 种程序结构。

2.5.1　顺序结构

结构化程序中最简单的结构就是顺序结构。顺序结构是按照程序语句出现的先后顺序执行，直到程序结束。顺序结构执行流程如图 2-2 所示。

2.5.2　选择结构

选择结构提供了这样一种控制机制，它根据条件值或表达式值的不同，选择执行不同的语句，其他与条件值或表达式值不匹配的语句则被跳过不执行。选择结构执行流程如图 2-3 所示。

Java 提供了两种分支结构语句：if 语句和 switch 语句。其中，if 语句使用布尔表达式或布尔值作为分支条件来进行分支控制；而 switch 语句用于对多个值进行匹配，从而实现多分支控制。下面分别对 if 语句和 switch 语句的使用进行详细介绍。

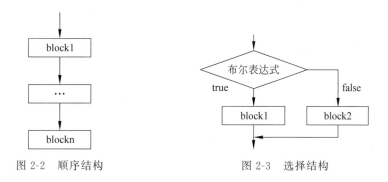

图 2-2　顺序结构　　　　　　图 2-3　选择结构

1. if 语句

if 条件语句是一个重要的编程语句,用于告诉程序在某个条件成立的情况下执行某段语句,而在另一种情况下执行另外的语句。关键字 if 之后是作为条件的"布尔表达式",如果该表达式返回的结果为 true,则执行其后的语句;若为 false,则不执行 if 条件之后的语句。其语法格式如下:

```
if(布尔表达式){
    block
}
```

若 if 语句的语句块只有一条语句,则可以省略左右大括号。if 语句的执行流程如图 2-4 所示。

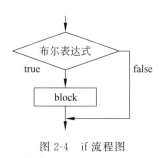

图 2-4　if 流程图

【例 2-12】　if 实例。

```java
import java.util.Scanner;
public class IfDemo {
    public static void main(String args[]) {
        Scanner s=new Scanner(System.in);
        int input=s.nextInt();
        if(input<10){
            System.out.println("输入的数小于 10");
        }
    }
}
```

2. if…else 语句

if…else 语句是指满足某个条件,就执行某种处理,否则执行另一种处理。即当布尔表达式成立时,则执行 if 语句主体;判断条件不成立时,则执行 else 的语句主体,其语法格式如下:

```
if(布尔表达式){
    block1
}else{
    block2
}
```

若 if 或 else 的主体语句块只有一条时,则可以省略相应的左右大括号。if…else 语句的执行流程如图 2-5 所示。

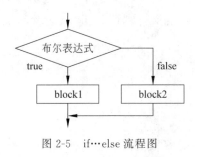

图 2-5   if…else 流程图

【例 2-13】 if…else 实例。

```
import java.util.Scanner;
public class IfElseDemo {
    public static void main(String args[]) {
        Scanner s=new Scanner(System.in);
        int input=s.nextInt();
        if(input<10){
            System.out.println("输入的数小于 10");
        }else{
            System.out.println("输入的数大于或等于 10");
        }
    }
}
```

3. if…else if 语句

由于 if 语句体或 else 语句体可以是多条语句,所以如果需要在 if…else 里判断多个条件,可以"随意"嵌套。比较常用的是 if…else if…else 语句,可用于对多个条件进行判断,进行多种不同的处理。其语法格式如下:

```
if(布尔表达式 1){
    block1
```

```
}else if(布尔表达式 2){
    block2
}
...
else if(布尔表达式 n){
    blockn
}else{
    blockn+1
}
```

当布尔表达式 1 为 true 时，会执行 block1。当布尔表达式 1 为 false 时，会执行 block2，如果布尔表达式 2 为 true 时，会执行 block2，以此类推。如果所有的条件都为 false，则意味着所有条件均未满足，那么 else 后面的语句块 n+1 会执行。if…else if 语句的执行流程如图 2-6 所示。

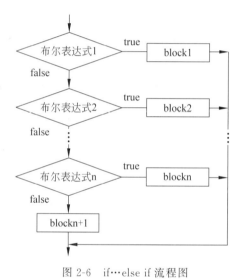

图 2-6　if…else if 流程图

【例 2-14】　if…else if 实例。

```java
public class IfElseIfElseDemo {
    public static void main(String[] args) {
        int score = 76;
        if(score >= 90) {
            System.out.println("优秀");
        } else if(score >= 80) {
            System.out.println("良好");
        } else if(score >= 70) {
            System.out.println("中等");
        } else if(score >= 60) {
            System.out.println("及格");
        } else {
```

```
            System.out.println("不及格");
        }
    }
}
```

4. switch 语句

在多个备选方案中处理多项选择时,用 if else 结构就显得有点烦琐,这时可以使用 switch 语句来实现同样的功能。switch 语句基于一个表达式来执行多个分支语句中的一个,它是一个不需要布尔求值的流程控制语句。switch 语句的一般格式如下:

```
switch(表达式){
    case 常量值 1:
        语句块 1;
        break;
    case 常量值 2:
        语句块 2;
        break;
     ⋮
    case 常量值 n:
        语句块 n;
        break;
    default:
        上面情况都不符合情况下执行的语句;
```

对 switch 语句有以下几点说明:

(1) switch 语句的判断条件只能是 byte、short、char 和 int 4 种基本类型,JDK 5.0 开始支持枚举类型,JDK 7.0 开始支持 String 类型,不能是 boolean 类型。

(2) 常量 1～常量 N 必须与判断条件类型相同,且为常量表达式,不能是变量。

(3) case 子句后面可以有多条语句,这些语句可以使用大括号括起来。

(4) 程序将从第一个匹配的 case 子句处开始执行后面的所有代码(包括后面 case 子句中的代码)。可以使用 break 跳出 switch 语句。如果没有 break 语句,当程序执行完匹配的 case 语句序列后,后面的 case 子句起不到跳出 switch 结构的作用,程序还会继续执行后面的 case 语句序列。因此在每个 case 中,用 break 语句终止后面的 case 分支语句的执行。

(5) default 语句是可选的,当所有 case 子句条件都不满足时执行。

【例 2-15】 成绩分级实例。

```
public class SwitchDemo {
    public static void main(String[] args) {
        char score = 'C';
        switch (score) {
            case 'A':
                System.out.println("优秀");
                break;
```

```
        case 'B':
            System.out.println("良好");
            break;
        case 'C':
            System.out.println("中等");
            break;
        case 'D':
            System.out.println("及格");
            break;
        case 'E':
            System.out.println("不及格");
            break;
        default:
            System.out.println("成绩 error!");
        }
    }
}
```

【例 2-16】　输出月份的季节实例。

```
import java.util.Scanner;
public class SwitchSample {
    public static void main(String args[]) {
        Scanner s=new Scanner(System.in);
        int month=s.nextInt();
        String  season;
        switch (month){
            case 12:
            case 1:
            case 2:
                season="Winter";
                break;
            case 3:
            case 4:
            case 5:
                season="Spring";
                break;
            case 6:
            case 7:
            case 8:
                season="Summer";
                break;
            case 9:
            case 10:
```

```
                case 11:
                    season="Autumn";
                    break;
                default:
                    season="Bogus  Month";
            }
            System.out.println("in the "+season+".");
        }
    }
```

【例 2-17】 设 x＝10，y＝5，试用 switch 结构实现当输入字符＋、－、＊、/时，分别计算
x，y 的和、差、积、商。

```
import java.util.Scanner;
public class Calculator {
    public static void main(String args[])  {
        int x=10, y=5, z;
        char  ch;
        Scanner string=new Scanner(System.in);
        String s=string.nextLine();
        ch=s.charAt(0);
        //下面用 switch 结构实现计算器的功能
        switch (ch) {
            case '+':
                z=x+y;
                System.out.println("x+y="+z);        //'+'时输出 x+y 的值
                break;
            case '-':
                z=x-y;
                System.out.println("x-y="+z);        //'-'时输出 x-y 的值
                break;
            case '*':
                z=x*y;
                System.out.println("x*y="+z);        //'*'时输出 x*y 的值
                break;
            case '/':
                z=x/y;
                System.out.println("x/y="+z);        //'/'时输出 x/y 的值
                break;
            default:
                System.out.println("Input Error!"); //输入其他字符时提示出错
        }
    }
}
```

2.5.3 循环结构

循环结构是程序中的另一种重要结构。在实际应用中,当碰到需要多次重复地执行一个或多个任务的情况时,应考虑使用循环结构来解决。循环结构的特点是在给定条件成立时,重复执行某个程序段。通常称给定条件为循环条件,称反复执行的程序段为循环体。一个循环结构一般包含以下几部分。

(1)初始部分:用来设置循环控制的初始化条件,如设置计数器。

(2)循环体部分:反复执行的一段代码。

(3)迭代部分:用来修改循环控制条件,常常在本次循环结束,下一次开始前执行。

(4)判断部分:也称终止部分,是一个关系表达式或布尔逻辑表达式,其值用来判断是否满足循环终止条件。每执行一次循环都要对该表达式求值。

Java 程序设计中引入了循环语句。循环语句总共有 3 种常见的形式:while 循环语句、do…while 循环语句和 for 循环语句。下面将逐个进行介绍。

1. for 语句

事先知道循环会被重复执行多少次时,可以选择 for 循环结构。语法格式如下。

```
for(初始值;循环条件;迭代语句){
    语句;
}
```

for 循环结构的流程图如图 2-7 所示。

具体说明如下:

(1)第一次进入 for 循环时,对循环控制变量赋初始值。

(2)根据判断条件的内容检查是否要继续执行循环,当判断条件值为 true 时,继续执行循环主体内的语句;判断条件值为 false 时,则会跳出循环,执行其他语句。

(3)执行完循环主体内的语句后,会根据增减量的要求,更改循环控制变量的值,再回到步骤(2)重新判断是否继续执行循环。

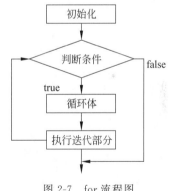

图 2-7 for 流程图

【例 2-18】 计算 1~100 的累加和实例。

```java
public class ForDemo{
    public static void main(String[] args) {
        int sum = 0;                        //累加和
        for(int i = 0; i <=100; i++) {
            sum +=i;                        //累加操作
        }
        System.out.println("1~100 的累加和:" +sum);
    }
}
```

```
public class ForDemo2{
    public static void main(String[] args) {
        int sum = 0;                        //累加和
        int i=1;
        for(;;){
            if(i>100){
                break;
            }
            sum=sum+i;
            i++;
        }
        System.out.println("1~100 的累加和:"+sum);
    }
}
```

【例 2-19】 计算 5 科成绩的平均分。

```
import java.util.Scanner;
public class AverageGrade1 {
    public static void main(String args[]){
        int score, sum;
        float avg;
        sum = 0;
        for(int i = 0; i <5; i++) {
            Scanner s = new Scanner(System.in);
            score = s.nextInt();
            sum = sum +score;
        }
        avg = sum / 5;
        System.out.println("Average=" +avg);
    }
}
```

【例 2-20】 求 1~1000 能被 3 或 5 整除的数。

```
public class NumDemo {
    public static void main(String[] args) {
        int n,num,num1;
        System.out.println("1~1000 能被 3 或 5 整除的为");
        for(n=1;n<=1000;n++) {
            if(n%3==0||n%5==0) {
                System.out.print(n+"\t");
            }
        }
    }
}
```

for…each 的语法格式如下：

```
for(类型 变量名:要遍历的数组){
    语句;
}
```

【例 2-21】 遍历数组。

```
public class Demo{
    public static void main(String args[]){
        int num[]={1,2,3};
        for(int a:sum){
            System.out.println(a);
        }
    }
}
```

2. while 语句

当不清楚循环会被重复执行多少次时，可以选择 while 循环和 do…while 循环，其语法格式如下：

```
while(循环条件){
    循环体
}
```

若 while 循环的循环体只有一条语句，则可以省略左右大括号。while 的循环体是否执行，取决于循环条件是否成立，当循环条件为 true 时，循环体就会被执行。循环体执行完毕继续判断循环条件，如果条件仍为 true，则会继续执行，直到循环条件为 false 时，整个循环过程才会执行结束。while 循环的执行流程如图 2-8 所示。

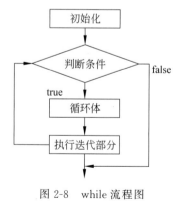

图 2-8 while 流程图

【例 2-22】 计算 1～100 的累加和。

```
public class WhileDemo {
    public static void main(String[] args) {
```

```
        int sum = 0;              //累加和
        int i = 1;                //循环变量
        while(i<=100) {           //循环条件
            sum +=i;              //累加操作
            i++;                  //迭代语句:修改循坏变量
        }
        System.out.println(i);
        System.out.println("1~100 的累加和:" +sum);
    }
}
```

【例 2-23】 计算某学生的平均成绩,当输入为 $ 时,停止统计。

```
import java.util.Scanner;
public class AverageGrade2{
    public static void main(String[] args) {
        int sum=0;
        int count=0;
        int score=0;
        float avg=0;
        while(true) {
            Scanner input=new Scanner(System.in);
            System.out.println("please enter:");
            String s=input.nextLine();
            char c=s.charAt(0);
            if(c=='$') {
                break;
            }
            score=Integer.parseInt(s);
            sum=sum+score;
            count++;
        }
        avg=sum/count;
        System.out.println("一共"+count+"个数,平均值是:"+avg);
    }
}
```

3. do…while 语句

do…while 语句与 while 语句类似,它们之间的区别在于: while 语句是先判断循环条件的真假,再决定是否执行循环体,而 do…while 语句则先执行循环体,然后再判断循环条件的真假,因此 do…while 循环体至少被执行一次,其语法格式如下:

```
do{
    循环体
}while(循环条件)
```

do…while 语句与 while 语句还有一个明显的区别是，如果 while 语句误添加分号，会导致死循环，而 do…while 的循环条件后面必须有一个分号，用来表明循环结束。

【例 2-24】　输入一个正数，将各位数字反正后输出。

```java
import java.util.Scanner;
public class intTurn{
    public static void main(String[] args) {
        Scanner input=new Scanner(System.in);
        System.out.println("Input x is:");
        int x=input.nextInt();
        do {
            System.out.print(x%10);
            x=x/10;
        }while(x!=0);
    }
}
```

2.5.4　跳转语句

在 Java 中，可以使用 break、continue 中断语句来实现循环执行过程中程序流程的跳转，从而更方便地完成程序的设计。

1. break 语句

break 语句不仅可以用于 switch 语句中，也可以用于循环体中，其作用是使程序立即退出循环，转而执行该循环外的下一条语句。如果 break 语句出现在嵌套循环的内层循环中，则 break 语句只会跳出当前层的循环。

【例 2-25】　break 实例。

```java
public class TestBreak {
    public static void main(String[] args) {
        for(int i = 0; i <10; i++) {
            System.out.println(i);
            if(2 ==i)
                break;          //执行该语句将结束循环
        }
    }
}
```

【例 2-26】　break 在多层循环中的作用。

```java
public class BreakLoop2{
    public static void main(String args[]) {
        for(int i=0; i<3; i++){
            System.out.print("Pass "+i+": ");
            for(int j=0; j<100; j++) {
```

```
                if(j==10)
                     break;        //如果 j=10, 终止循环
                System.out.print( j+" ");
            }
            System.out.println();
        }
        System.out.println("Loops complete.");
    }
}
```

2. continue 语句

break 语句用来退出循环,而 continue 语句则跳过循环体中尚未执行的语句,回到循环体的开始继续下一轮的循环。在进行下一轮的循环前,要先判断终止的条件,来决定是否继续循环。

【例 2-27】 九九乘法表。

```
public class MultiList{
    public static void main(String args[]){
        for(int i=1;i<=9;i++){
            for(int j=1;j<=i;j++){
                System.out.print(j+" * "+i+"="+j * i+" ");
                if(i==j){
                    System.out.print("\n");
                    //如果 i=j 则跳转到外层循环的起始(continue 要换成 break)
                    continue;
                }
            }
        }
    }
}
```

3. return 语句

return 语句的主要功能是从一个方法返回到另一个方法。也就是说,return 语句使流程控制返回到调用它的方法。

【例 2-28】 return 例题。

```
public class ReturnExample{
    public static void main(String args[]) {
        boolean   t=true;
        System.out.println("Before the return.");
        if(t)
             return;
        System.out.println("This won't execute.");
    }
}
```

程序的输出结果是：before the return。

本 章 小 结

本章主要介绍了 Java 的基本语法、Java 的基本数据类型、Java 的常量和变量以及 Java 的运算符。Java 的循环控制语句主要有 3 种,分别是适用于循环次数已知的 for 循环、循环次数未知的 while 循环和 do…while 循环,其中 do…while 循环比 while 循环至少多执行一次。Java 语句有 3 种跳转语句:break 语句能让控制流程退出循环,continue 语句能让控制流程跳转到包含该语句的循环的下次迭代开始处执行,return 语句可以控制流程返回到调用此方法的语句处。

习　　题

一、填空题

1. Java 中的变量可以分为两种数据类型,分别是_____和_____。

2. do…while 循环结构的循环体最少被执行_____次。

3. 数据类型转换方式分为自动类型转换和_____。

4. int a＝5;a＋＝5;执行后,变量 a 的值是_____。

二、选择题

1. 下面语句执行后,i 的值是(　　　)。

```
for( int i=0, j=1; j <5; j+=3 ) i=i+j;
```

　A. 1　　　　　　　　B. 5　　　　　　　　C. 6　　　　　　　　D. 3

2. 执行以下代码段后,输出结果为(　　　)。

```
int x=5;
float y=8.1f;
System.out.println(y % x);
```

　A. 3　　　　　　　　B. 3.1　　　　　　　C. 1　　　　　　　　D. 语法错误

3. 下列语句序列执行后,k 的值是(　　　)。

```
int i=6,j=8,k=10,m=7;
if(i>j||m<k--) k++;
else k--;
```

　A. 10　　　　　　　B. 1　　　　　　　　C. 9　　　　　　　　D. 8

三、操作题

1. 随机输入 3 个数,求最大值和最小值。

2. 输入一个字符,判断是大写字母还是小写字母。

3. 验证水仙花数(水仙花数指一个三位数,它的每个位上的数字的 3 次幂之和等于它本身)。

CHAPTER 第 3 章

数 组

本章学习重点：

- 了解 Java 数组的定义。
- 掌握 Java 数组的操作。
- 理解 Java 二维数组。
- 理解 Java 数组的引用传递。

在前面学习的整数类型、字符类型等都是基本数据类型，通过一个变量表示一个数据，这种变量被称为简单变量。但在实际中，经常需要处理具有相同性质的一批数据，这时可以使用 Java 中的数组，用一个变量表示一组性质相同的数据。数组是任何一种编程语言都不可缺少的数据类型。

3.1 一维数组

数组是一种数据结构，是按一定顺序排列的相同类型的元素集合。数组实际上就是一连串类型相同的变量，这些变量用一个名字命名，即数组名，并用索引区分它们。使用数组时，可以通过索引来访问数组元素，如数组元素的赋值和取值。

3.1.1 数组的声明

在 Java 中，数组是相同类型元素的集合，可以存放成千上万个数据，在一个数组中，数组元素的类型是唯一的，即一个数组中只能存储同一种数据类型的数据，而不能存储多种数据类型的数据，数组一旦定义好就不可以修改长度，因为数组在内存中所占大小是固定的，所以数组的长度不能改变，如果要修改就必须重新定义一个新数组或者引用其他的数组，因此数组的灵活性较差。

数组是可以保存一组数据的一种数据结构，它本身也会占用一个内存地址，因此数组是引用类型。

数组的声明包含两个部分：数组类型和数组的名称。定义数组的语法格式如下：

```
type[] 数组名
```

或

```
type 数组名[];
```

两种不同的语法格式声明的数组中,[ ]是一维数组的标识,它既可放置在数组名前面也可以放在数组名后面。例如:

```
int[] x;
float y[];
```

上述示例中声明了一个 int 类型的数组 x 与一个 float 类型的数组 y,数组名是用来统一这组相同数据类型的元素名称,数组中数组名的命名规则和变量相同。

3.1.2　数组的初始化

在 Java 程序开发中,使用数组之前都会对其进行初始化,这是因为数组是引用类型,声明数组只是声明一个引用类型的变量,并不是数组对象本身,只要让数组变量指向有效的数组对象,程序中就可以使用该数组变量来访问数组元素。所谓数组初始化,就是让数组名指向数组对象的过程,该过程主要分为两个步骤,一是对数组对象进行初始化,即为数组中的元素分配内存空间和赋值;二是对数组名进行初始化,即将数组名赋值为数组对象的引用。

通过两种方式可对数组进行初始化,即静态初始化和动态初始化,下面将演示这两种方式的具体语法。

1. 静态初始化

静态初始化是指由程序员在初始化数组时为数组每个元素赋值,由系统决定数组的长度。数组的静态初始化有两种方式,具体示例如下:

```
int[] x;
x=new int[]{10,20,30,40,50};
```

或

```
int x[]=new int[]{10,20,30,40,50}
```

对于数组的静态初始化也可以简写,具体示例如下:

```
int x[]={10,20,30,40,50}
```

上述示例中静态初始化了数组,其中大括号中包含数组元素,元素值之间用逗号“,”分隔。此处注意,只有在定义数组的同时执行数组初始化才支持使用简化的静态初始化。

2. 动态初始化

动态初始化是指由程序员在初始化数组时指定数组的长度,由系统为数组元素分配初始值。数组动态初始化的具体示例如下:

```
int a[]=new int[10];
```

上述示例会在数组声明的同时分配一块内存空间供该数组使用,其中数组长度是 10,由于每个元素都为 int 型数据类型,因此上例中数组占用的内存共有 10 * 4＝40 个字节。此外,动态初始化数组时,其元素会根据它的数据类型被设置为默认的初始值。常见的数据类型默认值如表 3-1 所示。

表 3-1　数据类型默认值

数 据 类 型	默 认 值	数 据 类 型	默 认 值
byte	0	double	0.0D
short	0	char	空字符,'\n0000'
int	0	boolean	false
long	0L	引用数据类型	null
float	0.0F		

3.1.3　数组的操作

1. 访问数组

在 Java 中,数组对象有一个 length 属性,用于表示数组的长度,所有类型的数组都是如此。获取数组的长度的语法格式如下:

```
数组名.length
```

具体示例如下:

```
int[] list=new int[10];
int size=list.length;
```

数组中的变量又称为元素,每个元素都有下标(索引),下标从 0 开始,如在 int[] list = new int[10]中,list[0]是第 1 个元素,list[9]是第 10 个元素。因此,假如数组 list 有 n 个元素,那么 list[0]是第 1 个元素,而 list[n−1]则是最后一个元素。

如果下标值小于 0,或者大于或等于数组长度,编译程序不会报任何错误,但运行时出现异常。ArrayIndexOutOfBoundsException:N 为数组下标越界异常,N 表示试图访问的数组下标。

2. 数组遍历

数组的遍历是指依次访问数组中的每个元素。

【例 3-1】　遍历数组实例。

```java
public class TestExample1 {
    public static void main(String[] args) {
        int[] i = { 1, 2, 3, 4, 5, 6, 7, 8, 9, 10 };
        for(int j = 0; j < i.length; j++) {
            System.out.print(i[j] +" ");
        }
        System.out.println();
        for(int j = i.length -1; j >=0; j--) {
            System.out.print(i[j] +" ");
```

```
            }
        }
    }
```

【例 3-2】　获取数组的最大值和最小值。

```
public class MaxMinDemo {
    public static void main(String[] args) {
        //定义数组
        int[] a = {83, 87, 24, 100, 68};
        int max = 0;
        int min = 0;
        max = min = a[0];
        for(int i=1; i<a.length; i++) {
            if(a[i] >max) {
                max = a[i];
            }
            if(a[i] <min) {
                min = a[i];
            }
        }
        System.out.println("最大值:"+max);
        System.out.println("最小值:"+min);
    }
}
```

3. 数组排序

数组排序是指数组元素按照特定的顺序排列。在实际应用中,经常需要对数据排序。数组排序有多种算法,本节介绍一种简单的排序算法——冒泡排序。这种算法是不断地比较相邻的两个元素,较小的向上冒,较大的向下沉,排序过程如同水中气泡上升,即两两比较相邻元素,反序则交换,直到没有反序的元素为止。

【例 3-3】　冒泡排序。

```
public class TestBubbleSort {
    public static void main(String[] args) {
        int[] array = {88, 62, 12, 100, 28};     //定义数组
        //外层循环控制排序轮数
        //最后一个元素,不用再比较
        for(int i=0; i <array.length-1; i++) {
            //内层循环控制元素两两比较的次数
            //每轮循环沉底一个元素,沉底元素不再参加比较
            for(int j = 0; j <array.length -1 -i; j++) {
                //比较相邻元素
                if(array[j] >array[j+1]) {
```

```
            //交换元素
            int tmp = array[j];
            array[j] = array[j+1];
            array[j+1] = tmp;
        }
        //System.out.print(array[j]+" ");
    }
    //打印每轮排序结果
    System.out.print("第"+(i+1)+"轮排序:");
    for(int j=0; j<array.length; j++) {
        System.out.print(array[j] +"\t");
    }
    System.out.println();
    }
    System.out.print("最终排序 :");
    for(int i=0; i<array.length; i++) {
        System.out.print(array[i] +"\t");
    }
    System.out.println();
    }
}
```

注意：也可以用 Arrays.sort()方法对数组进行排序。

例 3-3 中，外层循环是控制排序的轮数，每一轮可以确定一个元素位置，由于最后一个元素不需要进行比较，因此外层循环的轮数为 array.length−1。内层循环控制每轮比较的次数，每轮循环沉底一个元素，沉底元素不用再参加比较，因此，内层循环的次数为 array.length−1−i。内层循环的次数被作为数组的索引，索引循环递增，实现相邻元素依次比较，如果当前元素大于后一个元素，则交换两个元素的位置。

3.1.4　数组的内存机制

数组是引用数据类型，因此数组变量就是一个引用变量，通常被存储在栈(Stack)内存中。数组初始化后，数组对象被存储在堆(Heap)内存中的连续内存空间，而数组变量存储了数组对象的首地址，指向堆内存中的数组对象。一维数组在内存中的存储原理如图 3-1 所示。

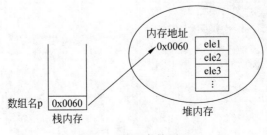

图 3-1　数组存储原理

在 Java 中,数组一旦初始化完成,数组元素的内存空间分配即结束,此后程序只能改变数组元素的值,而无法改变数组的长度。但程序可以改变一个数组变量所引用的数组,从而造成数组长度可变的假象。同理,在复制数组时,直接使用赋值语句不能实现数组的复制,这样做只是使两个数组引用变量指向同一个数组对象。

【例 3-4】　数组内存例题。

```java
public class TestCopyArray {
    public static void main(String[] args) {
        int[] x = {88, 62, 12, 100, 28};
        //直接用赋值语句复制数组,赋的是数组的首地址
        int[] y = x;
        System.out.println(x);          //打印源数组名
        System.out.println(y);          //打印目的数组名
        x[0] = 22;                       //修改源数组
        System.out.println(y[0]);       //访问目的数组
    }
}
```

从程序运行结果可以发现,数组变量保存的就是数组首地址。通过赋值运算符复制数组,复制的是数组的首地址,源数组名和目的数组名都指向实际的数组内存单元,因此它们操作的是同一个数组,所以不能通过赋值运算符来复制数组,如图 3-2 所示。

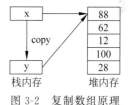

图 3-2　复制数组原理

【例 3-5】　复制数组。

```java
public class TestExample1 {
    public static void main(String[] args) {
        int[] a = {1,2,3};
        int[] b = new int[a.length * 2];
        for(int i=0;i<a.length;i++){
            b[i] = a[i];
        }
        //int[] b = java.util.Arrays.copyOf(a, a.length * 2);
        a=b;
        print(a);
    }
    public static void print(int[] b){
        for(int i=0;i<b.length;i++){
            System.out.println("第"+i+"个元素的值为 "+b[i]);
        }
    }
}
```

3.2 二维数组

1. 二维数组

二维数组可以看成以数组为元素的数组,常用来表示表格或矩形。二维数组的声明、初始化与一维数组类似。二维数组的声明,示例如下:

```
int[][] a;
int a[][];
```

二维数组动态初始化示例如下:

```
a=new int[3][2]          //动态初始化 3 * 2 的二维数组
a[0]=new int[]{1,2}      //初始化二维数组的第一个元素
a[1]=new int[]{3,4}      //初始化二维数组的第二个元素
a[2]=new int[]{5,6}      //初始化二维数组的第三个元素
```

定义了一个 3 行 2 列的二维数组,即二维数组的长度为 3,每个二维数组的元素是一个长度为 2 的一维数组,二维数组元素的存储形式如图 3-3 所示。

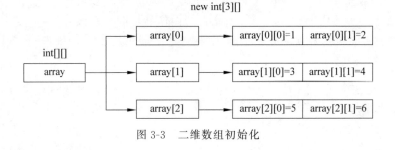

图 3-3　二维数组初始化

二维数组静态初始化语法格式:

```
a=new int[][]{{1},{2,3},{4}}
```

或者

```
int[][]a={{1},{2,3},{4}}
```

二维数组的每个元素都是一个一维数组。二维数组 a 的长度是数组 a 的元素的个数,可由 a.length 得到;元素 a[i]是一个一维数组,其长度可由 a[i].length 得到。

【例 3-6】　二维数组实例。

```
public class MatrixAddition {
    public static void main(String args[]) {
        int i, j, k;
        //动态初始化一个二维数组
```

```
    int a[][] = new int[3][4];
    //静态初始化一个二维数组
    int b[][] = { { 1, 5, 2, 8 }, { 5, 9, 10, - 3 }, { 2, 7, - 5, - 18 } };
    //动态初始化一个二维数组
    int c[][] = new int[3][4];
    for(i = 0; i < 3; i++)
        for(j = 0; j < 4; j++) {
            a[i][j] = (i + 1) * (j + 2);
        }
    for(i = 0; i < a.length; i++)
        for(j = 0; j < a[i].length; j++) {
            c[i][j] = a[i][j] + b[i][j];
        }
    //打印 Matrix C 标记
    System.out.println("*******Matrix C*******");
    for(i = 0; i < c.length; i++) {
        for(j = 0; j < c[i].length; j++)
            System.out.print(c[i][j] + " ");
        System.out.println();
    }
  }
}
```

2. 锯齿数组

二维数组中的每一行就是一个一维数组,因此,各行的长度就可以不同。这样的数组称为锯齿数组。创建锯齿数组时,可以只指定第一个下标,此时二维数组的每个元素为空,因此必须为每个元素创建一维数组。

【例 3-7】　锯齿数组实例。

```
public class TestJaggedArray{
    public static void main(String[] args) {
        //静态初始化锯齿数组
        int[][] array={
                {1, 2, 3, 4, 5},
                {2, 3, 4, 5},
                {3, 4, 5},
                {4, 5},
                {5}
        };
        //动态初始化锯齿数组
        int[][] x = new int[5][];
        x[0] = new int[5];
        x[1] = new int[4];
```

```
        x[2] = new int[3];
        x[3] = new int[2];
        x[4] = new int[1];
        //为数组赋值
        for(int i = 0; i < x.length; i++) {
            for(int j = 0; j < x[i].length; j++) {
                x[i][j] = array[i][j];
            }
        }
        //打印二维数组
        for(int i = 0; i < x.length; i++) {
            for(int j = 0; j < x[i].length; j++) {
                System.out.print(x[i][j] + "\t");
            }
            System.out.println();
        }
    }
}
```

首先,静态初始化锯齿数组 array 和动态初始化数组 x,然后通过嵌套 for 循环将锯齿数组 array 的数组元素值赋值给锯齿数组 x 的数组元素,最后通过嵌套 for 循环将锯齿数组 x 的数组元素打印出来。

3.3　数组作为方法的参数

在 Java 中,可以使用数组作为方法的参数来传递数据。在使用数组参数时,应注意以下事项:

(1) 在形参列表中,数组名后的括号不能省略,括号的个数和数组的维数要相同,但在括号中可以不给出数组元素的个数;

(2) 在实参列表中,数组名后不需要括号;

(3) 数组名作为实参时,传递的是地址,而不是具体的数组元素值,即实参和形参具有相同的存储单元。

【例 3-8】 计算给定数组的平均值。

```
public class ArrayDemo {
    static float AverageArray(float a[]) {
        float average = 0;
        int i;
        for(i = 0; i < a.length; i++) {
            average = average + a[i];
        }
        return average / a.length;
    }
```

```
public static void main(String[] args) {
    float average, a[] = { 1, 2, 3, 4, 5 };
    average = AverageArray(a);
    System.out.println("average=" +average);
}
}
```

本 章 小 结

本章主要介绍 Java 语言中的数组部分,主要讲解了一维数组、二维数组及数组作为方法参数的用法。数组的使用过程分为声明、创建和访问。数组的声明只是对数组的定义过程,并不分配任何的存储空间,一定要在对数组初始化之后才可以访问数组中的数据元素。

习　　题

一、选择题

1. 获取数组 tmp 的长度用(　　)。

A. tmp.ArraySize;　　　　　　　　　　　B. tmp.ArraySize();

C. tmp.length;　　　　　　　　　　　　D. tmp.length();

2. 若已定义 byte[] x= {11,22,33,−66};其中 0≤k≤3,则对 x 数组元素错误的引用是(　　)。

A. x[5−3]　　　　B. x[k]　　　　C. x[k+5]　　　　D. x[0]

3. 数组元素之所以相关,是因为它们具有相同的(　　)。

A. 空间　　　　B. 类型　　　　C. 下标　　　　D. 地址

4. 关于数组作为方法的参数时,向方法传递的是(　　)。

A. 数组的元素　　　B. 数组的引用　　　C. 数组的栈地址　　　D. 数组自身

二、填空题

1. 一个数组中只能存储同一种_____的数据。

2. 数组的元素可以通过_____访问。

三、操作题

1. 验证 6174 问题(取任意一个 4 位数,4 个数字不能相同,将该数的 4 个数字重新组合,形成可能的最大数和可能的最小数,再将两者之间的差求出来;对此差值重复同样的过程,最后一定会得到 6174)。

2. 利用数组打印菱形。

3. 求前 100 个素数。

4. 用 * 打印如下的直角三角形。

```
*
**
***
****
```

CHAPTER 第 4 章

面向对象（一）

本章学习重点：

- 理解面向对象的概念。
- 掌握类和对象。
- 掌握构造方法。
- 掌握 this 和 static 关键字的使用。
- 掌握内部类。
- 掌握类以及类中成员的访问权限。

类和对象是 Java 语言中经常被提到的两个概念，从程序设计角度看，可以把类看出一个数据类型，这种数据类型就是对象类型，简称为类。实际上可以将类看作是对象的载体，它定义了对象所具有的功能。类和对象是学习 Java 语言必须掌握的概念，这样可以从深层次去理解 Java 这种面向对象语言的开发理念，从而更好、更快地掌握 Java 编程思想与编程方式。

4.1 面向对象的概念

在程序开发初期，人们使用面向过程的开发语言，但随着软件的需求越来越不同，过程化开发语言的弊端也逐渐显露，开发周期被延长，产品的质量也不尽人意，过程化语言已经不再适合当前的软件开发。这时，面向对象的开发思想逐步被引入程序中，面向对象思想是人类最自然的一种思考方式，它将所有预处理的问题抽象为对象，同时了解这些对象具有哪些属性以及行为，以解决这些对象面临的一些实际问题，这样就在程序开发中引入了面向对象设计的概念，面向对象设计实际上就是对现实世界的对象进行建模操作。面向对象的特点主要可以概括为封装性、继承性和多态性，接下来针对这 3 种特性进行简单介绍。

1. 封装性

封装是面向对象编程的核心思想。将对象的属性和行为封装起来，不需要让外界知道具体实现细节，这就是封装思想。例如，用户开车，只需要操作方向盘、油门、刹车就可以了，不需要知道汽车内部是如何工作的，虽然有人了解汽车内部的工作原理，但在开车时，并不完全依赖这些工作细节。

2. 继承性

继承主要描述的就是类和类之间的关系，通过继承，可以在无须重新编程原有类的基础上，对原有类的功能进行扩展。例如，有一个汽车的类，类中描述了汽车的普通属性和功能。而轿车的类中不仅应该包含汽车的属性和功能，还应该增加轿车特有的属性和功能，所以可以让轿车继承汽车。继承不仅增强了代码的复用性，提高了开发效率，还为程序的维护、补充提供了方便。

3. 多态性

多态性指的是一个类中定义的属性和功能被其他类继承后，当把子类对象直接赋值给父类引用时，相同引用类型的变量调用同一个方法所呈现出的多种不同行为特征。例如运算符"+"作用在两个整型变量时是求和的含义，而作用在两个字符串变量时是连接的含义。

4.2　类与对象的概念

现实世界中，随处可见的一种事物就是对象，对象是事物存在的实体，如人类、动物类、食品类、建筑类等。人类解决问题的方式总是将复杂的事物简单化，于是就会思考这些对象都是由哪些部分组成的。通常都会将对象划分为两个部分，即静态部分与动态部分。静态部分就是不能动的部分，这个部分被称为"属性"，任何对象都会具备其自身属性，如一个人，其属性包括姓名、年龄、性别等。然而具有这些属性的人会执行哪些动作也是一个值得探讨的部分，这个人可以吃饭、睡觉、工作，这些都是这个人具备的行为（动态部分），人类通过探讨对象的属性和观察对象的行为了解对象。

在计算机世界中，面向对象程序设计的思想要以对象来思考问题，首先要将现实世界的实体抽象为对象，然后考虑这个对象具备的属性和行为。例如，现在面临一名篮球运动员想要投篮这个实际问题，试着以面向对象的思想来解决这一实际问题，步骤如下。

首先，可以从这一问题中抽象出对象，这里抽象出的对象为一名篮球运动员。然后识别这个对象的属性。对象具备的属性都是静态属性，如篮球运动员的身高、体重等，这些都是属性。

接着识别这个对象的动态行为，即篮球运动员的动作，如跳跃、转身等，这些行为都是这个对象基于其属性而具有的动作。

识别出这个对象的属性和行为后，这个对象就被完成定义了，然后根据篮球运动员具有的特性制订要投篮的具体方案以解决问题。

究其本质，所有的篮球运动员都具有以上的属性和行为，可以将这些属性和行为封装起来以描述篮球运动员这类人，由此可见，类实质上就是封装对象属性和行为的载体，而对象则是类抽象出来的一个实例。

4.2.1　类的定义

在 Java 语言中，类是对一个特定类型对象的描述，它定义了一种新类型，即"类"是对象的定义，用户也可以把它看作是对象的蓝图。因此，在类中可以包含有关对象属性和方法的定义。其中，属性是存储数据的变量，可以是任何类型，用户通过这些数据区分类的不同对象；方法定义了用户对类的各种操作，也就是类的对象可以做的事情，通常，方法是对属性进行操作的，其语法格式如下：

```
class 类名{
    属性类型 成员变量名;
    修饰符 返回值类型 方法名(参数列表){
        方法体
    }
}
```

【例 4-1】　学生类实例。

```
public class Student {
    String name;
    int age;
    public void printMessage() {
        System.out.println("姓名:" + name + ",年龄:" + age);
    }
}
```

例 4-1 中定义了一个类,Student 是类名,其中 name 和 age 是该类的成员变量,也称为对象属性,printMessage()是该类的对象行为(也称为成员方法),在 printMessage()方法体中可以输出 name、age。

定义在 printMessage()方法外的变量被称为成员变量,它的作用域为 Student 这个类;而定义在 printMessage()方法中的变量和方法的参数被称为局部变量,它的作用域在这个方法体内。具体示例如下。

【例 4-2】　局部变量实例。

```
public class Student {
    String name;
    int age=18;
    public void printMessage () {
        int age=28;
        System.out.println("年龄是" + age);
    }
    public static void main(String args[]){
        Student s=new Student ();
        s. printMessage();
    }
}
```

如果在某一个方法中定义的局部变量与成员变量同名时,该方法中通过变量名访问到的是局部变量,而非成员变量,调用 printMessage()方法输出的是"年龄是 28"。

4.2.2　对象的定义和引用

类是对象的抽象,为对象定义了属性和行为,但类本身既不带任何数据,也不存在于内存空间中。而对象是类的一个具体存在,既拥有独立的内存空间,也存在独特的属性和行

为,属性还可以随着自身的行为而发生改变。接下来演示如何用类创建对象,创建对象之前,必须先声明对象,其语法格式如下:

```
类名 对象名;
```

类是自定义类型,也是一种引用类型,因此该对象名是一个引用变量,默认值为 null,表示不指向任何堆内存空间。接下来需要对该变量进行初始化,Java 使用 new 关键字来创建对象,也称实例化对象,其语法格式如下:

```
对象名=new 类名();
```

上述示例中,使用 new 关键字在堆内存中创建类的对象,对象名引用此对象。声明和实例化对象的过程可以简化为以下语法格式。

```
类名 对象名=new 类名();
```

例如:

```
Student s=new Student();
```

示例中,"Student s"声明了一个 Student 类型的引用变量,"new Student（）"为对象在堆中分配内存空间,最终返回对象的引用并赋值给变量 s,如图 4-1 所示。

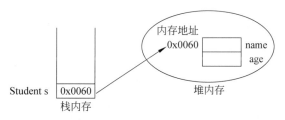

图 4-1　对象内存示意图

对象实例化后,就可以访问对象的成员变量和成员方法,其语法格式如下:

```
对象名.成员变量;
对象名.成员方法();
```

【例 4-3】 创建两个学生对象。

```java
public class Student {
    String name;
    int age;
    public void printMessage() {
        System.out.println("姓名:"+name+",年龄:"+age);
    }
    public static void main(String args[]) {
        Student s1 = new Student();
```

```
        Student s2 = new Student();
        s1.name="张三";
        s1.age=18;
        s1.printMessage();
        s2.printMessage();
    }
}
```

从运行结果可以发现，变量 s1、s2 引用的对象同时调用了 printMessage ()方法，但输出结果却不相同。这是因为用 new 创建对象时，会为每个对象开辟独立的堆内存空间，用于保存对象成员变量的值。因此，对变量 s1 引用的对象属性赋值并不会影响变量 s2 引用对象属性的值。变量 s1、s2 引用对象的内存状态如图 4-2 所示。

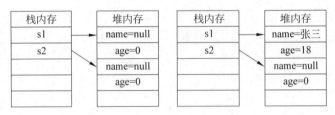

图 4-2   s1、s2 内存分配示意图

另外，一个对象能被多个变量引用，当对象不被任何变量所引用时，该对象就会成为垃圾数据，不能再被使用。通过下面的例子来看如何回收垃圾数据。

【例 4-4】 垃圾回收实例。

```
public class Student {
    String name;
    int age;
    public void printMessage() {
        System.out.println("姓名:"+name+",年龄:"+age);
    }
    public static void main(String args[]) {
        Student s1 = new Student();
        Student s2 = new Student();
        s1.name="张三";
        s1.age=18;
        s2.name="李四";
        s2.age=28;
        s2=s1;
        s1.printMessage();
        s2.printMessage();
    }
}
```

例 4-4 中，s2 被赋值为 s1 后，会断开原有引用的对象，而和 s1 引用同一对象。此时，s2 原有引用的对象不再被任何变量所引用，就成了垃圾对象，不能再被使用，只等待垃圾回收机制进行回收。垃圾产生的过程如图 4-3 所示。

在图 4-3 中，首先实例化两个对象 s1 和 s2，其次分别为 s1 和 s2 的属性赋值，最后将 s2 重新赋值为 s1，s2 将断开原有引用，此时被断开引用的对象，也不能被其他引用变量所引用，就成为垃圾数据，等待被回收。

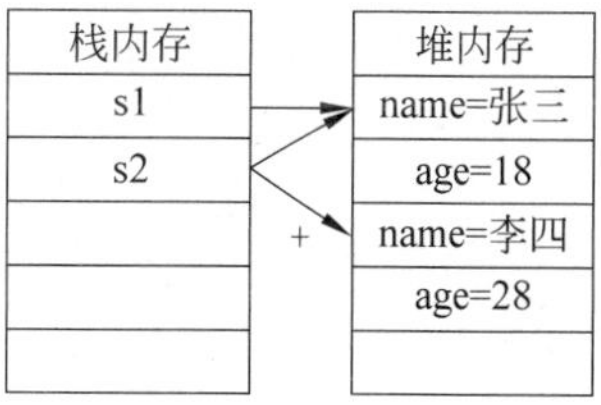

图 4-3　垃圾对象的处理

4.2.3　类的设计

由于封装性是面向对象的特征之一，因此通常将类设计成一个黑匣子，使用者只能通过类所提供的公共方法来实现对内部成员的操作和访问，不能看见方法的实现细节，也不能直接访问对象内部成员。类的封装可以隐藏类的实现细节，促使用户只能通过方法去访问数据，这样就可以增强程序的安全性，接下来讲解如何实现类的封装。

【例 4-5】　类的封装实例。

```java
public class StudentDemo {
    public static void main(String[] args) {
        Student s=new Student();
        s.name="王鹏";
        s.age=20;
        s.printMessage();
    }
}
class Student{
    String name;
    int age;
    public void printMessage() {
        System.out.println("姓名:"+name+",年龄:"+age);
    }
}
```

通常在定义类时，可以将类中的属性私有化，这样外界就不能随意访问。Java 中使用 private 关键字来修饰私有属性，私有属性只能在它所在类中被访问，具体示例如下。

【例 4-6】　属性私有化实例。

```java
public class StudentDemo {
    public static void main(String[] args) {
        Student s=new Student();
        s.name="王鹏";
        s.age=20;
        s.printMessage();
    }
}
class Student{
    private String name;
```

```
        private int age;
        public void printMessage() {
            System.out.println("姓名:"+name+",年龄:"+age);
        }
    }
```

编译报错并提示"name 可以在 Student 中访问 private",出现错误的原因在于:对象不能直接访问私有属性,这样可以保证对象无法直接访问类中的属性,从而保证入口处有所限制。但这样做使所有的对象都不能访问这个类中的私有属性。为了让外部使用者访问类中私有属性,需要提供 public 关键字修饰的属性访问器,即用于设置属性的 setXxx()方法和获取属性的 getXxx()方法。

【例 4-7】 对私有属性设置赋值和取值的方法。

```
public class StudentDemo {
    public static void main(String[] args) {
        Student s=new Student();
        s.setName("王鹏");
        s.setAge(20);
        s.printMessage();
    }
}
class Student{
    private String name;
    private int age;
    public String getName() {
        return name;
    }
    public void setName(String name) {
        this.name = name;
    }
    public int getAge() {
        return age;
    }
    public void setAge(int age) {
        this.age = age;
    }
    public void printMessage() {
        System.out.println("姓名:"+name+",年龄:"+age);
    }
}
```

使用 private 关键字将 name 和 age 属性声明为私有的,并对外提供 public 关键字修饰的属性访问器。在 main()方法中创建 Student 对象,并调用 setAge()、setName()对属性进行赋值。通过私有化属性和公有化属性访问器,就可以实现类的封装。

4.3　方法

方法（method）是数行代码的集合，可以操作类中的属性，用于解决特定问题。在程序中多次使用相同的代码，重复地编写及维护比较麻烦，因此可以将此部分代码定义成一个方法，以供程序反复调用。

4.3.1　成员方法

1. 方法的定义

Java 中的方法定义在类中，一个类可以声明多个方法。方法包括方法头和方法体两部分，其中方法头确定方法的名字、形式参数的名字及类型、返回值的类型和访问权限等，方法体是具体完成的操作。其语法格式如下：

```
修饰符 返回值类型 方法名([参数类型 参数名1, 参数类型 参数名2,…]) {
方法体
}
```

修饰符：方法的修饰符比较多，有对访问权限进行限定的，有静态修饰符 static，还有最终修饰符 final 等。

返回值类型：限定返回值的类型。

参数类型：限定调用方法时传入参数的数据类型。

参数名：一个变量，用于接收调用方法时传入的数据。

return：关键字，用于结束方法以及返回方法指定类型的值。

返回值：被 return 返回的值，该值返回给调用者。

方法可以有返回值，返回值必须为方法声明的返回值类型。如果方法没有返回值，则返回类型为 void，return 语句可以省略。

【例 4-8】　定义方法实例。

```java
public class MethodDemo {
    public static void main(String[] args) {
        int score = 69;
        printGrade(score);
    }
    public static void printGrade(double score) {
        if(score < 0 || score > 100) {
            System.out.println("成绩输入错误!");
            return;
        }
        if(score >= 90.0) {
            System.out.println("优秀");
        } else if(score >= 80.0) {
            System.out.println("良好");
```

```
        } else if(score >= 70.0) {
            System.out.println("中等");
        } else if(score >= 60.0) {
            System.out.println("及格");
        } else {
            System.out.println("不及格");
        }
    }
}
```

2. 方法的调用

方法在调用时执行方法中的代码,因此要执行方法,必须调用方法。如果方法有返回值,通常将方法调用作为一个值来处理。如果方法没有返回值,方法调用必须是一条语句。

如果方法定义中包含形参,调用时必须提供实参。实参的类型必须与形参的类型兼容,实参顺序必须与形参的顺序一致。实参的值传递给方法的形参,称为值传递(pass by value),方法内部对形参的修改不影响实参值。当调用方法时,程序控制权转移至被调用的方法。当执行 return 语句或到达方法结尾时,程序控制权转移至调用者。

【例 4-9】 方法的调用实例。

```
public class CallMethodDemo{
    public static void main(String[] args) {
        int n = 5;
        int m = 2;
        System.out.println("before main\t:n="+n +", m=" +m);
        swap(n, m);
        System.out.println("end main\t:n="+n +", m=" +m);
    }
    public static void swap(int n, int m) {
        System.out.println("before swap\t:n="+n +", m=" +m);
        int tmp = n;
        n = m;
        m = tmp;
        System.out.println("end swap\t:n="+n +", m=" +m);
    }
}
```

4.3.2 构造方法

构造方法是 Java 的一个重要概念,可以设想若每次创建一个类的实例都去初始化它的所有变量是很烦琐的,如果一个对象在被创建时就完成了所有的初始化工作,是简单和方便的,因此 Java 在类中提供了一个特殊的成员方法叫作构造方法(Constructor)。构造方法必须以类名作为方法的名称,不返回任何值,也就是说构造方法是以类名为名称的特殊方法。

在 Java 中,最少要有一个构造方法。类的构造方法可以显式定义也可以隐式定义,显式定义的意思是说在类中已经写好了构造方法的代码;隐式定义是指如果在一个类中没有定义构造方法,系统在解释时会分配一个默认的构造方法,这个构造工作方法只是一个空壳,没有参数,也没有方法体,类的所有属性系统将根据其数据类型默认赋值。所以说类的构造方法是必需的,但其代码可以不编写。总之,如果在类中已经实现了构造方法,系统不会分配构造方法,如果没有实现,系统会自动分配。

在一个类中可以存在多个构造方法,这些构造方法都采用相同的名字,只是形式参数不同,Java 语言可以根据构造对象时的参数个数及参数类型来判断调用哪个构造方法。

构造方法的特点如下:

(1) 构造方法必须与类同名。

(2) 构造方法没有返回类型,也不能用 void。

(3) 构造方法不能由编程人员调用,是系统自动调用。

(4) 一个类中可以定义多个构造方法,即构造方法的重载。但如果没有定义构造方法,系统会自动分配一个无参的、默认的构造方法。

【例 4-10】　构造方法实例。

```
class Person {
    public Person() {
        System.out.println("构造方法自动被调用");
    }
}
public class ConstructorDemo1 {
    public static void main(String[] args) {
        Person p = new Person();
    }
}
```

从程序运行结果可以发现,当调用关键字 new 实例化对象时才会调用构造方法。细心的读者会发现,在之前的示例中并没有定义构造方法,但是也能被调用。这是因为类未定义任何构造方法,系统会自动提供一个默认构造方法,又称为默认构造方法。如果已存在带参数的构造方法,则系统将不会提供默认构造方法。

【例 4-11】　构造方法初始化属性实例。

```
class Person {
    private String name;                //声明姓名私有属性
    private int age;                    //声明年龄私有属性
    public Person(String str, int n) {  //构造方法初始化成员属性
        name = str;
        age = n;
    }
    public void say() {                 //定义显示信息的方法
        System.out.println("姓名:"+name+",年龄:"+age);
    }
}
```

```java
public class ConstructorDemo2{
    public static void main(String[] args) {
        Person p = new Person();
        p.say();
    }
}
```

示例编译报错,并提示"实际参数列表和形式参数列表长度不同",出现错误的原因在于,类中已经提供有参数的构造方法,系统将不会提供默认构造方法,编译器因找不到无参构造方法而报错。编写程序时,为避免出现上面的错误,每次定义类的构造方法时,预先定义一个无参的构造方法,有参的构造方法可以根据需求再定义。

4.3.3　方法的重载

1. 成员方法的重载

每一个成员方法都有其签名,方法的签名包含方法的名称及它的形参的数量、每个形参的类型组成。具体说,方法签名不包含返回类型。在类中如果声明有多个同名的方法,但它们的签名不同,则称为方法的重载。当方法对不同类型进行操作时,方法的重载非常有效,因为方法的重载提供了对可用数据类型的选择,因此方法的使用更为容易。

【例 4-12】　成员方法重载实例。

```java
class Person {
    private String name;                        //声明姓名私有属性
    private int age;                            //声明年龄私有属性
    public Person(){
    }
    public Person(String name, int age) {       //构造方法初始化成员属性
        this.name = name;
        this.age = age;
    }
    public void say() {                         //定义显示信息的方法
        System.out.println("姓名:"+name+",年龄:"+age);
    }
    public void say(String newname) {           //定义显示信息的方法
        System.out.println("姓名:"+newname+",年龄:"+age);
    }
}
public class PersonDemo1 {
    public static void main(String[] args) {
        Person p = new Person();
        p.say();
        p.say("张三");
    }
}
```

2. 构造方法的重载

类的定义中如果有两个以上参数个数或类型不同的构造方法时，称为构造方法的重载。构造方法实际上是对对象进行实例化时调用的方法，如希望创建一个可以以多种方式构造对象的类，就需要重载构造方法。和一般的方法重载一样，重载的构造方法具有不同个数或不同类型的参数，编译器就可以根据这一点判断出用关键字 new 产生对象时调用哪个构造方法。

【例 4-13】 构造方法重载实例。

```java
class Person {
    private String name;
    private int age;
    public Person(String name) {
        this.name = name;
    }
    public Person(String name, int age) {
        this.name = name;
        this.age = age;
    }
    public void say() {
        System.out.println("姓名:"+name+",年龄:"+age);
    }
}
public class PersonDemo2 {
    public static void main(String[] args) {
        Person p1 = new Person("张三");
        Person p2 = new Person("李四", 18);
        p1.say();
        p2.say();
    }
}
```

Person 类中定义了两个构造方法，两个方法的参数列表不同，符合重载条件。在创建对象时，根据参数的不同，分别调用不同的构造方法。其中，一个参数的构造方法只对 name 属性进行初始化，此时 age 属性为默认值 0；两个参数的构造方法根据实参分别对 name 和 age 属性进行初始化。

4.4　关键字 this 的使用

每个对象都有一个名为 this 的引用，它指向当前对象本身，接下来演示 this 的本质，见例 4-14。

【例 4-14】 this 指向本身。

```java
class People {
    public void equals(People p) {
```

```
        System.out.println(this);                        //打印 this 的地址
        System.out.println(p);                           //打印对象地址
        if (this ==p)                                    //判断当前对象与 this 是否相等
            System.out.println("相等");
        else
            System.out.println("不相等");
    }
}
public class TestThis {
    public static void main(String[] args) {
        People p1 = new People ();
        People p2 = new People ();
        p1.equals(p1);
        p1.equals(p2);
    }
}
```

从程序运行结果可以发现,关键字 this 和调用对象 p1 的值相等,都保存了指向堆内存空间的地址,也就是说,this 就是调用对象本身。因此,调用对象 p1 的 this 与 p2 对象不相等。this 主要有以下 3 方面的应用。

(1) 使用 this 调用类中的属性,也就是类中的成员变量。

this 关键字可以明确调用类的成员变量,不会与局部变量名发生冲突。

【例 4-15】 this 调用成员变量。

```
class Student {
    private String name;
    private String sex;
    public Student(String name, String sex) {
        this.name = name;
        this.sex = sex;
    }
    public void printMessage() {
        System.out.println("姓名:"+this.name+",性别:"+this.sex);
    }
}
public class ThisDemo1 {
    public static void main(String[] args) {
        Student s = new Student ("王鹏", "男");
        s. printMessage();
    }
}
```

示例中,构造方法的形参与成员变量同名,使用 this 明确调用成员变量,避免了与局部变量产生冲突。

（2）使用 this 调用成员方法。

this 既然可以访问成员变量，那么也可以访问成员方法。

【例 4-16】 this 调用其他成员方法。

```java
class Student {
    private String name;
    private String sex;
    public Student(String name, String sex) {
        this.name = name;
        this.sex = sex;
    }
    public void printMessage() {
        System.out.println("姓名:"+this.name+",性别:"+this.sex);
        this.message();
    }
    public void message() {
        System.out.println("message");
    }
}
public class ThisDemo2 {
    public static void main(String[] args) {
        Student s = new Student ("王鹏", "男");
        s. printMessage();
    }
}
```

在 printMessage（）方法中明确使用 this 调用 message（）成员方法。另外，此处的 this 可以省略，但建议不要省略，以便使代码更加清晰。

（3）使用 this 调用其他构造方法。

构造方法是在实例化时被自动调用的，因此不能直接像调用成员方法一样调用构造方法，但可以使用 this（[实参列表]）的方式调用其他的构造方法。

【例 4-17】 this 调用构造方法。

```java
class Student {
    private String name;
    private String sex;
    public Student() {
        System.out.println("调用无参构造方法");
    }
    public Student (String name, String sex) {
        this();
        System.out.println("调用有参构造函数");
        this.name = name;
        this.sex = sex;
```

```
    }
    public void printMessage() {
        System.out.println("姓名:"+this.name+",性别:"+this.sex);
    }
}
public class ThisDemo3 {
    public static void main(String[] args) {
        Student s = new Student ("王鹏", "男");
        s. printMessage();
    }
}
```

示例中,实例化对象时,调用了有参构造方法,在该方法中通过 this()调用了无参构造方法。因此,运行结果中显示两个构造方法都被调用了。

使用这种方式调用构造方法有一个语法上的限制,使用 this 调用构造方法的语句必须位于首行,且只能出现一次。否则的话,编译的时候就会有错误信息。

【例 4-18】 对 this 的调用必须是构造器中的第一条语句。

```
class Student {
    private String name;
    private String sex;
    public Student() {
        System.out.println("调用无参构造方法");
    }
    public Student (String name, String sex) {
        System.out.println("调用有参构造函数");
        this();
        this.name = name;
        this.sex = sex;
    }
    public void printMessage() {
        System.out.println("姓名:"+this.name+",性别:"+this.sex);
    }
}
```

编译报错并提示"对 this 的调用必须是构造器中的第一条语句"。因此使用 this()调用构造方法必须位于构造方法的第一行。

4.5 关键字 static 的使用

Java 的类中可以包含两种成员:实例成员和静态成员。

简单来说,类是一种类型而不是具体的对象,一般在类中定义的成员是每个由此类产生的对象拥有的,因此可以称为实例成员或对象成员。只有创建了对象之后,才能通过对象访问实例成员变量、调用实例成员方法。

如果需要让类的所有对象在类的范围内共享某个成员，而这个成员不属于任何由此类产生的对象，它是属于整个类的，这种成员称为静态成员或类成员。

static 关键字表示静态的，用于修饰成员变量、成员方法以及代码块，如用 static 修饰 main()方法。本节讲解 static 关键字的使用。

4.5.1　静态属性与实例属性

使用 static 修饰的属性，称为静态属性或类属性，它被类的所有对象共享，属于整个类所有，因此可以通过类名直接访问。一个静态属性只标识一个存储位置。无论创建了多少个类实例，静态属性永远都在同一个存储位置存放其值。

而未使用 static 修饰的属性称为实例属性，它属于具体对象独有，每个对象分别包含一组该类的所有实例属性。创建类的对象时，都会为该对象的属性创建新的存储位置，也就是说类的每个对象的实例属性存储位置是不相同的。因此修改一个对象的实例属性值，对另外一个对象的该实例属性的值没有影响。

接下来演示实例变量的用法。

【例 4-19】　实例属性实例。

```
class Student {
    int count;
    public Student () {
        count++;
    }
}
public class InstanceVariableDemo {
    public static void main(String[] args) {
        Student s1 = new Student ();
        Student s2 = new Student ();
        Student s3 = new Student ();
        System.out.println(s3.count);
    }
}
```

示例中，定义一个实例变量 count，用于记录类对象被创建的次数，由于实例变量 count 是属于类的对象的，对象之间的 count 是不相关的，它们被存储在不同的内存位置。因此，程序运行结果输出的 1 是引用对象 s3 的 count 值。使用 static 关键字来修饰成员变量即可达到目的，这时可以通过"类名.变量名"的形式访问类变量。

【例 4-20】　静态属性的值。

```
class Student {
    static int count;              //保存对象创建的个数
    public Student () {
        count++;
```

```
    }
}
public class StaticVariableDemo {
    public static void main(String[] args) {
        Student s1 = new Student ();
        Student s2 = new Student ();
        Student s3 = new Student ();
        System.out.println(Student.count);
    }
}
```

示例中使用 static 关键字修饰成员变量 count,这个类变量在内存中只有一份,所有的对象共享这个类变量,因此每当创建一个对象时,都会调用它的构造方法,类变量 count 会在原来的基础上加 1,这样就可以统计出创建了多少个对象。

注意:static 关键字在修饰变量时只能修饰成员变量,不能修饰方法中的局部变量,如:

```
public class TestStudent {
    public void printMessage(){
        static int count=0;            //非法,编译会报错
    }
}
```

4.5.2　静态方法与实例方法

使用 static 修饰的成员方法,称为静态方法,无须创建类的实例就可以调用静态方法,调用静态方法可以通过类名调用。尽管如此,通过对象来调用静态方法也不会发生错误。

【例 4-21】　静态方法。

```
class Student {
    private static int count;                        //保存对象创建的个数
    public Student () {
        count++;
    }
    public static void printMessge() {
        System.out.println("类实例化次数:" +count);
    }
}
public class StaticFunctionDemo {
    public static void main(String[] args) {
        Student. printMessge ();                      //调用静态方法
        Student sp1 = new Student ();
        Student s2 = new Student ();
```

```
            Student. printMessge ();
        }
    }
```

示例中,Student 类定义了静态方法 printMessge (),并通过 Student.printMessge ()的形式调用了该静态方法,由此可见,不必创建对象就可以调用静态方法。

4.5.3　静态成员和实例成员的区别

对于静态成员或者实例成员,一般来说,将静态成员看作属于类,而将实例成员看作属于对象。

1. 静态成员的特征

当用 static 修饰符时,即被声明为静态成员。静态成员具有下列特征。

(1) 一个静态属性只标识一个存储位置。无论创建了多少个类的对象,永远都只有静态属性的一个副本。

(2) 静态方法不在某个特定对象上操作,在这样的方法中引用 this 是错误的。

2. 实例成员的特征

没有用 static 修饰符时,即为实例成员,实例成员也称为非静态成员。实例成员具有下列特征。

(1) 类的每个对象分别包含一组该类的所有实例属性。类的每个对象都为每个实例属性建立一个副本。也就是说类的每个对象的实例属性的存储位置都是不同的。

(2) 实例方法在类的给定对象上操作,此对象可以作为 this 访问。

3. 访问权限

因为静态方法并不操作对象,所以不能用静态方法来访问实例属性,但静态方法可以访问自身类的静态属性。静态成员和实例成员归纳如下:

(1) 静态方法可以访问静态成员,但是不能访问实例成员。

(2) 实例方法可以访问静态成员,也可以访问实例成员。

【例 4-22】　静态成员和实例成员的访问实例。

```java
public class StaticDemo {
    static double pi = 3.14;          //静态变量,类变量
    double pix = 3.14;                //实例变量,对象变量
    double getArea() {                //实例方法
        return pi * 3 * 3;            //类变量,实例方法能用类变量
    }
    static double getArea1() {
        return pi * 3 * 3;            //类方法能用类变量
    }
    double getArea2() {
        return pix * 3 * 3;           //实例方法能用实例变量
    }
    //static double getArea3(){
```

```
    //return pix * 3 * 3;                //类方法不能用实例变量
    //}
    public static void main(String[] args) {
        System.out.println(StaticDemo.pi);
        //System.out.println(StaticDemo.pix);
    }
}
```

4.5.4 代码块

代码块是指用大括号"{}"括起来的一段代码,根据位置及声明关键字的不同,分为不同的代码块。

1. 动态代码块

动态代码块就是直接定义在类中的代码块,它没有任何前缀、后缀及关键字修饰。前面提到,每个类中至少有一个构造方法,创建对象时,构造方法被自动调用,动态代码块也是在创建对象时被调用,但它在构造方法之前被调用,因此,动态代码块也可用来初始化成员变量。

【例 4-23】 动态代码块实例。

```
class Student {
    public Student() {
        System.out.println("构造方法");
    }
    {
        System.out.println("动态代码块");
    }
}
public class ConstructorCodeblockDemo{
    public static void main(String[] args) {
        //实例化对象
        new Student();
        new Student();
        new Student();
    }
}
```

从程序运行结果可以发现,动态代码块优先于构造方法执行,而且每次实例化对象时都会执行动态代码块。因此,如果一个类中有多个构造方法,并且都需要初始化成员变量,那么就可以把每个构造方法中相同的代码提取出来,放在动态代码块中,可以提高代码的复用性。

2. 静态代码块

静态代码块就是使用 static 关键字修饰的代码块,它是最早执行的代码块。

【**例 4-24**】　静态代码块实例。

```java
class Student{
    public Student() {
        System.out.println("构造方法");
    }
    {
        System.out.println("动态代码块");
    }
    static {
        System.out.println("静态代码块");
    }
}
public class StaticCodeblockDemo{
    public static void main(String[] args) {
        Student s1=new Student ();
        Student s2=new Student ();
        Student s3=new Student ();
    }
    static {
        System.out.println("主方法所在类的静态代码块");
    }
}
```

从程序运行结果可以看出,静态代码块先于动态代码块和构造方法执行,而且无论类的对象被创建多少次,由于 Java 虚拟机只加载一次类,所以静态代码块只执行一次。

4.6　内部类

在 Java 中,类中除了可以定义成员变量与成员方法外,还可以定义类,该类称作内部类,内部类所在的类称作外部类。根据内部类的位置、修饰符和定义的方式可以分为成员内部类、静态内部类、方法内部类以及匿名内部类 4 种。

内部类有 3 点共性：

(1) 内部类与外部类经 Java 编译器编译后生成的两个类是独立的。

(2) 内部类是外部类的一个成员,因此能访问外部类的任何成员(包括私有成员),但外部类不能直接访问内部类成员。

(3) 内部类可以为静态,可用 protected 和 private 修饰,而外部类只能用 public 和默认的访问权限。

4.6.1　成员内部类

成员内部类是指类作为外部类的一个成员,能直接访问外部类的所有成员,但在外部类中访问内部类,则需要在外部类中创建内部类的对象,使用内部类的对象来访问内部类中的成员。同时,若要在外部类外访问内部类,则需要通过外部类对象去创建内部类对象,在外部类外创建一个内部类对象的语法格式如下:

外部类名.内部类名 变量名=new 外部类名().内部类名()

下面演示成员内部类的用法。

【例 4-25】 成员内部类实例。

```java
public class InnerClassDemo1 {
    public static void main(String[] args) {
        Outer o=new Outer("外部类的变量");
        o.outMethod2();
        Outer.Inner i=o.new Inner();
        System.out.println("其他类访问内部类变量:"+i.inStr);
        System.out.println("其他类访问内部类方法:");
        i.inMethod();
    }
}
class Outer{
    private String outStr;
    Outer(String outStr){
        this.outStr=outStr;
    }
    void outMethod1(){
        System.out.println("outMethod1");
    }
    class Inner{
        String inStr="内部类的变量";
        void inMethod(){
            System.out.println("inMethod 访问:"+outStr);
            outMethod1();
        }
    }
    void outMethod2(){
        Inner in=new Inner();
        System.out.println("outMethod2 访问:"+in.inStr);
        in.inMethod();
    }
}
```

在外部类 Outer 中定义了一个成员内部类 Inner,在 Inner 类的成员方法 inMethod()中访问外部类 Outer 的成员变量 outStr 和成员方法 outMethod1()。在外部类 Outer 的成员方法 outMethod2()中创建内部类对象,访问内部类的成员变量和成员方法。在其他类中创建内部类对象,访问内部类的成员变量和成员方法。因为成员内部类也是外部类的成员,所以要访问成员内部类,则必须先创建外部类对象,然后通过"外部类对象.new()"的形式创建成员内部类对象。

【**例 4-26**】　内部类同名变量访问实例。

```
public class InnerClassDemo2{
    public static void main(String[] args) {
        Outer o=new Outer();
        Outer.Inner i=o.new Inner();
        i.print();
    }
}
class Outer {
    private int i = 5;
    class Inner {
        private int i = 10;
        void print() {
            int i = 20;
            System.out.println(i);
            System.out.println(this.i);
            System.out.println(Outer.this.i);
            this.prints();
            Outer.this.prints();
        }
        void prints() {
            System.out.println("inMethod");
        }
    }
    void prints() {
        System.out.println("outMethod");
    }
}
```

因为局部变量 i、内部类成员变量 i 和外部类的成员变量 i 重名，所以不能直接访问，则只能通过上例中的形式访问，其中"Outer.this"表示外部类对象。外部类和内部类如果有同名的方法，也只能通过上例中的形式访问。

4.6.2　静态内部类

如果不需要外部类对象与内部类对象之间有联系，那么可以将内部类声明为 static，用 static 关键字修饰的内部类称为静态内部类。静态内部类可以有实例成员和静态成员，它可以直接访问外部类的静态成员，但如果想访问外部类的实例成员，就必须通过外部类的对象去访问。另外，如果在外部类外访问静态内部类成员，则不需要创建外部类对象，只需创建内部类对象即可。创建内部类对象的语法格式如下：

外部类名.内部类名 变量名=new 外部类名.内部类名()

下面演示静态内部类的用法。

【例 4-27】 静态内部类实例。

```java
public class StaticInnerDemo {
    public static void main(String[] args) {
        System.out.println(Outer.Inner.staticinner);
        Outer.Inner i=new Outer.Inner();
        i.test();
    }
}
class Outer{
    String outer="outer";
    static String staticouter="staticouter";
    void outMethod(){
        System.out.println("outMethod");
    }
    static void staticoutMethod(){
        System.out.println("staticoutMethod");
    }
    static class Inner{
        String inner;
        static String staticinner="staticinner";
        void test(){
//          System.out.println(outer);        //不能访问
            System.out.println(staticouter);
//          outMethod ();                      //不能访问
            staticoutMethod ();
        }
    }
}
```

内部类 Inner 用 static 关键字来修饰，是一个静态内部类。在 Inner 的 test()方法中，可以访问外部类的静态成员。访问内部类的静态成员，则无须创建外部类和静态内部类对象，通过"外部类名.内部类名.静态成员"的形式访问。要访问内部类的实例成员，则需要创建静态内部类对象，通过"new 外部类名.内部类名()"形式直接创建内部类对象。

4.6.3 方法内部类

方法内部类是指在成员方法中定义的类，它与局部变量类似，作用域为定义它的代码块，因此它只能在定义该内部类的方法内实例化，不可以在此方法外对其实例化。

【例 4-28】 方法内部类实例。

```java
public class FunInnerClassDemo{
    public static void main(String[] args) {
        Outer outer=new Outer();
        outer.testOuter();
```

```
        }
    }
    class Outer {
        private int value1 = 1;
        private static int value2 = 2;
        public void testOuter() {
            int value3=3;
            final int value4=4;
            class Inner {
                public void testInner() {
                    System.out.println(value1);
                    System.out.println(value2);
//                  System.out.println(value3);
                    System.out.println(value4);
                }
            }
            Inner m = new Inner();
            m.testInner();
        }
    }
```

在 Outer 类的 testOuter()方法中定义了一个内部类 Inner,这是一个方法内部类,只能在方法中使用该类创建 Inner 的实例对象并调用 testOuter()方法。从程序运行结果可以发现,方法内部类也能访问外部类的成员。

4.6.4 匿名内部类

匿名内部类就是没有名称的内部类。创建匿名内部类时会立即创建一个该类的对象,该类定义立即消失,匿名内部类不能重复使用。

【例 4-29】 匿名内部类实例。

```
abstract class AnonymousInner {
    public abstract void say();
}
public class AnonymousInnerClassDemo {
    public static void main(String[] args) {
        //创建匿名内部类
        AnonymousInner obj = new AnonymousInner() {
            public void say() {
                System.out.println("匿名内部类");
            }
        };
```

```
        obj.say();
    }
}
```

在主方法创建了匿名内部类 AnonymousInner 的对象,并调用该类的成员 say()方法。需要注意的是,匿名内部类是不能加访问修饰符的,而且被 new 的匿名类必须是先定义的。

4.7　包

包的概念最开始产生的原因是避免类名重复,为了方便代码的使用和管理,需要将不同功能的类放在不同的位置,因此专门设计了包的概念。包是由.class 文件组成的一个集合,在物理上,包被转换成一个文件夹,包中还可以再有包,形成一个层次结构。声明类所在的包,就像保存文件时要说明文件保存在哪个文件夹一样。一般情况下,功能相同或者相关的类组织在一个包中,以方便使用。

4.7.1　包的定义和使用

包(package)是 Java 提供的一种区别类的名字空间的机制,是类的组织方式,是一组相关类和接口的集合,它提供了访问权限和命名的管理机制。

使用 package 语句声明包,其语法格式如下:

```
package 包名
```

使用时需要注意以下 4 点:

(1) 包名中字母一般都要小写。

(2) package 语句必须是程序代码中的第一行可执行代码。

(3) package 语句最多只有一句。

包与文件目录类似,可以分成多级,多级之间用“.”符号进行分隔,示例如下:

```
package com.school
```

如果在程序中已声明了包,就必须将编译生成的字节码文件保存到与包名同名的子目录中,可以使用带包编译命令,示例如下:

```
Javac -d.Test.java
```

其中,“-d”表示生成以 package 定义为准的目录,“.”表示在当前所在的文件夹中生成。编译器会自动在当前目录下建立与包名同名的子目录,并将生成的.class 文件自动保存到与包名同名的子目录下。

4.7.2　import 语句

当类进行打包操作后,同一个包内的类默认引入,当需要使用其他包中的类时,需要在

程序的开头写上 import 语句，指出要导入哪个包的哪些类，然后才可以使用这些类。引入
包的语法如下：

```
import 包名.*;
```

在该语法中，import 关键字后面是包名，包名和包名之间使用"."分隔，最后为类名或
"＊"。如果书写类名则代表只引入此类，如果书写"＊"则代表引入这个包中的所有类、接口
等。例如：

```
import java.io.*;
```

注意：import 语句应该放在 package 语句之后。

4.8 类及成员的访问权限

按照类的封装性原则，类的设计者既要提供类与外部的联系方式，又要尽可能隐藏类的
实现细节。这就要求设计者根据实际需要，为类和类中的成员分别设置合理的访问权限。

Java 为类中的成员设置了 4 种访问权限，为类本身设置了两种访问权限。

4.8.1 类的访问权限

Java 提供了两种类的访问权限，分别是 public 和默认。

【例 4-30】 类的访问权限实例。

```
package chapter;
import chapter.other.PublicClassOtherPackage;
public class ClassQuanXianDemo {
    public static void main(String[] args) {
        System.out.println(new PublicClassSamePackage().toString());
        System.out.println(new DefaultClassSamePackage().toString());
        System.out.println(new PublicClassOtherPackage().toString());
        //System.out.println(new DefaultClassOtherPackage().toString());
    }
}
package chapter;
public class PublicClassSamePackage {
    public String toString() {
    return "相同 package 的公开类";
    }
}
package chapter;
class DefaultClassSamePackage {
    public String toString() {
        return "相同 package 的公开类";
```

```
    }
  }
package chapter.other;
public class PublicClassOtherPackage {
    public String toString() {
    return "其他 package 的公开类";
  }
}
package chapter.other;
class DefaultClassOtherPackage {
    public String toString() {
        return " 不同 package 的默认类";
    }
}
```

4.8.2　类成员的访问权限

Java 提供的 4 种成员的访问权限分别是 public(公有)、protected(保护)、default(默认)和 private(私有),具体含义如下。

(1) public(公共访问权限):被 public 修饰的类或类的成员,可以被任何包中的类访问。

(2) protected(子类访问权限):被 protected 修饰的成员,可以被同一个包中的任何类或不同包中的子类访问。

(3) default(包访问权限):如果一个类或类的成员前没有任何访问权限修饰,则表示默认访问权限,即类或类的成员可以被同一包中的所有类访问。

(4) private(类访问权限):被 private 修饰的成员,只能被当前类中其他成员访问,不能在类外被访问。

接下来总结 4 种访问权限,如表 4-1 所示。

表 4-1　访问权限

访 问 权 限	private	default	protected	public
同一类中成员	√	√	√	√
同一包中其他类		√	√	√
不同包中子类			√	√
不同包的非子类				√

本 章 小 结

本章详细介绍了面向对象的基础知识。首先介绍了面向对象的概念,然后介绍了类和对象的关系,并举例说明了类的设计与使用。接着介绍了成员方法和构造方法以及重载的概念,又讲解了 this 关键字、static 关键字的使用,最后介绍了内部类的定义和使用、类和类中成员的访问权限。通过本章的学习,读者可以对 Java 的编程思想有准确的认识,有助于学习下一章的内容。

习　　题

一、选择题

1. 在以下( )情况下,构造方法被调用。
   A. 类定义时　　　　　　　　　　　　B. 创建对象时
   C. 使用对象的属性时　　　　　　　　D. 使用对象的方法时

2. 在 Java 中,类中成员的访问权限包含 4 种,控制级别从小到大的顺序是( )。
   A. private、default、protected、public
   B. private、protected、public、default
   C. private、public、default、protected
   D. private、default、public、protected

3. 定义类时不能用下面( )关键字。
   A. final　　　　　B. public　　　　　C. protected　　　　　D. abstract

4. 当一个类被标记为( )后,这个类将不能有子类。
   A. final　　　　　B. public　　　　　C. static　　　　　D. abstract

5. 下列( )类成员修饰符修饰的变量只能在本类中被访问。
   A. protected　　　　B. public　　　　C. default　　　　D. private

6. 有一个类 A,下面为其构造函数的声明正确的是( )。
   A. void A(int x){…}　　　　　　　　B. A(int x){…}
   C. a(int x){…}　　　　　　　　　　D. void a(int x){…}

二、填空题

1. _____是类中的一种特殊方法,是为对象初始化操作编写的方法。用户不能直接调用,只能通过_____关键字的自动调用。

2. 在面向对象方法中,类的实例称为_____。类是变量和_____的集合体。

3. 类的构造方法的名称必须与_____相同。

三、操作题

设计一个 Student 类,要求如下:

(1) Student 类有学号、姓名、年龄 3 个属性。

(2) 为这 3 个属性分别设置赋值、取值的方法。

(3) 为 Student 类设计两个构造方法:一个是无参的构造方法;一个是为 3 个属性进行赋值的构造方法。

(4) 分别用两个构造方法来创建两个 Student 类的对象。

CHAPTER 第 **5** 章

面向对象（二）

本章学习重点：

- 理解继承的概念。
- 掌握 super 关键字。
- 掌握 final 关键字。
- 掌握方法的重写与重载的区别。
- 熟练掌握抽象类和接口。
- 理解多态的概念。

5.1 类的继承

继承是面向对象的另一大特征，它用于描述类的所属关系，多个类通过继承形成一个关系体系。继承是在原有类的基础上扩展新的功能，实现了代码的复用。

5.1.1 继承的概念

继承是面向对象的核心特征之一，是从已有类创建新类的一种机制。利用继承机制，可以先创建一个具有共性的一般类，从一般类再派生出具有特殊性的新类，新类继承一般类的属性和方法，并根据需要增加它自己新的属性和新的方法。类的继承机制是面向对象程序设计中实现软件重写的重要手段。

继承使得软件开发人员可以充分利用已有的类来创建自己的类，例如，Java 类库中丰富而且有用的类，可根据自己的需要进行扩展。Java 通过继承机制很好地实现了类的可重用性和扩展性。

类的继承也称类的派生。通常，将被继承的类称为父类或超类，派生出来的类称为子类，从一个父类可以派生出多个子类，子类还可以派生出新的子类，这样就形成了类的层次关系。在 Java 中一个类只能继承一个父类，称为单继承。但一个父类却可以派生出多个子类，每个子类作为父类又可以派生出多个子类，从而形成具有树状结构的类的层次体系。

1. 子类继承父类

Java 中，子类继承父类的语法格式如下：

```
[修饰符] class 子类名 extends 父类名 {
    属性定义;
```

```
        方法定义;
    }
```

Java 使用 extends 关键字指明两个类之间的继承关系。子类继承了父类中的属性和方法,也可以添加新的属性和方法。

【例 5-1】 子类继承父类实例。

```
class Parent {
    String name;
    String sex;
    public void saySex() {
        System.out.println(name+"的性别:"+sex);
    }
}
class Child extends Parent{
        int age;
        public void sayAge() {
        System.out.println(name+"的年龄:"+age);
    }
}
public class TestExtends {
    public static void main(String[] args) {
        Child c = new Child();
        c.name = "王鹏";
        c.sex = "男";
        c.age = 20;
        c.saySex();
        c.sayAge();
    }
}
```

从程序运行结果可以看出,Child 类通过 extends 关键字继承了 Parent 类,Child 类便是 Parent 的子类。Child 类虽然没有定义 name、sex 成员变量和 saySex()方法,但能访问这些成员,说明子类可以继承父类的成员。另外,在 Child 类中还定义了一个 sayAge()方法,说明子类可以扩展父类功能。

Java 语言只支持单继承,不允许多重继承,即一个子类只能继承一个父类,否则会引起编译错误,具体示例如下:

```
class A{}
class B{}
class C extends A,B{}          //编译错误
```

Java 语言虽然不支持多重继承,但它支持多层继承,即一个类的父类可以继承另外的父类。因此,Java 类可以有无限多个间接父类,具体示例如下:

```
class A{}
class B{} extends A{}
class C{} extends B{}
```

2. 父类成员的访问权限

子类可以继承父类中的属性成员和除构造方法以外的方法成员,但不能继承父类的构造方法。而且,并不是对父类的所有属性成员和方法成员都具有访问权限,即并不是在子类声明的方法中能够访问父类中的所有属性成员和方法成员。Java 中子类访问父类成员的权限如下:

(1) 子类对父类的 private 成员没有访问权限。既不能直接引用父类中的 private 属性成员,也不能调用父类中的 private 方法成员,如果需要访问父类的成员,可以通过父类中的非 private 成员方法来引用父类的成员。

(2) 子类对父类的 public 或 protected 成员具有访问权限。

(3) 子类对父类的默认权限成员的访问分为两种情况:一是对同一包中父类的默认权限成员具有访问权限;二是对其他包中父类的默认权限成员没有访问权限。

类层次结构中,这种访问权限的设定体现了类封装的信息隐藏原则,即如果类中成员仅限于该类使用,则声明为 private;如果类中的成员允许子类使用,则声明为 protected;如果类中成员允许所有类使用,则声明为 public。

5.1.2　成员变量的隐藏

类的继承使得子类从父类中既继承了有用的属性成员,也会继承一些不需要或不恰当的属性成员。当父类中的属性不适合子类需要时,子类可以把从父类继承来的属性成员进行重新定义。由于在子类中也定义了与父类中名字相同的成员变量,因此父类中的成员变量在子类中就不可见了,这就是成员变量的隐藏。这时在子类中若想引用父类中的同名变量,可以用关键词 super 作为前缀来引用父类中同名变量,即

```
super.属性名
```

例如,由类 B 继承类 A:

```
public class A{
    int a;
    void pa(){}
}
public class B extends A{
    int a;
    void pb(){
        a=8;
    }
}
```

父类 A 和子类 B 中都包含变量 a,根据成员变量的隐藏原则,在类 B 中的 pb 方法中引

用的 a 是类 B 的变量，而不是父类 A 的变量。若要引用类 A 的变量，则需要使用 super.a 访问。

5.1.3　方法的重写

在继承关系中，子类从父类中继承了可访问的方法，但有时从父类继承下来的方法不能完全满足子类需要，如例 5-1 中，如果要求父类与子类中的 saySex()方法输出不同内容，就需要在子类方法中修改父类方法，即子类重新定义从父类中继承的成员方法，这个过程称为方法重写或覆盖。在方法重写时必须考虑权限，即被子类重写的方法不能拥有比父类方法更加严格的访问权限。

子类方法覆盖父类的方法时，方法头要与父类一样，即两个方法要具有完全相同的方法名、返回类型、参数表。方法体要根据子类的需要重写，从而满足子类功能的要求。与类中使用父类被隐藏的属性成员类似，如果子类中需要调用被覆盖的父类中的同名方法，通过 super 关键字作前缀来调用，即

```
super.方法名()
```

【例 5-2】　方法覆盖实例。

```java
class Parent {
    protected void say() {
        System.out.println("父辈");
    }
}
class Child extends Parent {
    public void say() {
        System.out.println("子女");
    }
}
public class OverrideDemo{
    public static void main(String[] args) {
        Child c = new Child();
        c.say();
    }
}
```

在例 5-2 中，Child 类继承了 Parent 类的 say()方法，但在子类 Child 中重新定义的 say()方法，对父类的 say()进行了重写。从程序运行结果可以发现，在调用 Child 类对象的 say()方法时，只会调用子类重写的方法，并不会调用父类的 say()方法。

另外，需要注意方法重载与方法重写的区别：

（1）方法重载是在同一个类中，方法重写是在子类与父类中。

（2）方法重载要求方法名相同，参数个数或参数类型不同。

（3）方法重写要求子类与父类的方法名、返回值类型和参数列表相同。

5.1.4   super 关键字

在类中可以直接通过变量名来使用类中的变量,直接通过方法名调用类中的方法。类的成员也可以通过 this 作为前缀来引用,关键字 this 代表对象本身。

与 this 相似,Java 用关键字 super 表示父类对象,因此在子类中使用 super 作为前缀,可以引用被子类隐藏的父类的变量和被子类覆盖的父类的方法。

其语法格式如下:

```
super.成员变量
super.成员方法
```

当子类中没有声明与父类同名的成员变量时,引用父类的成员变量可以不使用 super。当子类中没有声明与父类中同名的成员方法时,调用父类的成员方法也可以不使用 super。

【例 5-3】 Super 实例。

```java
class Parent {
    String name="Parent";
    public void say() {
        System.out.println("父辈");
    }
}
class Child extends Parent {
    String name="child";
    public void say() {
        super.say();
        System.out.println("姓名:" +super.name);
        System.out.println("姓名:" +name);
    }
}
public class SuperDemo{
    public static void main(String[] args) {
        Child c = new Child();
        c.say();
    }
}
```

例 5-3 中,Child 类继承 Parent 类,并重写 say()方法。在子类 Child 的 say()方法中,使用 super.name 调用了父类的成员变量,使用 super.say()调用了父类被重写的成员方法。从程序运行结果可以看出,通过 super 关键字可以在子类中访问被隐藏的父类成员。

在继承中,实例化子类对象时,首先调用父类的构造方法,再调用子类的构造方法,这与实际生活中先有父母再有孩子类似。子类继承父类时,并没有继承父类的构造方法,但子类构造方法可以调用父类的构造方法。在一个构造方法中调用另一个重载的构造方法使用 this 关键字,在子类构造方法中调用父类的构造方法时应使用 super 关键字,其语法格式如下：

```
super([参数列表])
```

【例 5-4】 super 调用构造方法。

```
class Parent {
    String name;
    public Parent(String name) {
        this.name = name;
        System.out.println("parent");
    }
}
class Child extends Parent {
    public Child() {
        super("Parent");
    }
}
public class SuperRefConstructorDemo{
    public static void main(String[] args) {
        Child c = new Child();
    }
}
```

从程序运行结果中可以发现，实例化 Child 类对象时调用了父类的有参构造方法。super 关键字调用构造方法和 this 关键字调用构造方法类似，语句必须位于子类构造方法的第一行，否则会编译出错。而且子类构造方法中的 this()和 super()只能调用其中的一个，不能同时使用。

另外，子类中如果没有显式地调用父类的构造方法，将自动调用父类中不带参数的构造方法。

【例 5-5】 自动调用父类无参数构造方法 1。

```
class Parent {
    String name;
    public Parent(String name) {
        this.name = name;
        System.out.println("Parent");
    }
}
class Child extends Parent {
    public Child() {
        System.out.println("Child");
    }
}
```

```
public class AutoCallConstructorDemo{
    public static void main(String[] args) {
        //创建 Child 对象
        Child c = new Child();
    }
}
```

从程序运行结果可以看出,程序编译结果报错。原因是在 Child 类的构造方法中没有显式地调用父类构造方法,便会默认调用父类无参数构造方法,而父类 Parent 中显式定义了有参构造方法,此时编译器将不会自动生成默认构造方法。因此,程序找不到无参构造方法而报错。

为了解决上述程序的错误,可以在子类显式地调用父类中定义的构造方法,也可以在父类中显式定义无参构造方法。

【例 5-6】 自动调用父类无参数构造方法 2。

```
class Parent {
    String name;
    public Parent() {
        System.out.println("Parent");
    }
    public Parent(String name) {
        this.name = name;
        System.out.println("Parent");
    }
}
class Child extends Parent {
    public Child() {
        System.out.println("Child");
    }
}
public class ConstructorOrderDemo{
    public static void main(String[] args) {
        Child c = new Child();
    }
}
```

从程序运行结果可以看出,子类在实例化时默认调用父类的无参构造方法,并且父类的构造方法在子类构造方法之前执行。

5.1.5　final 关键字

在 Java 中,为了考虑安全因素,要求某些类不允许被继承或不允许被子类修改,这时可以用 final 关键字修饰。它可用于修饰类、方法和变量,表示"最终"的意思,即用它修饰的类、方法和变量不可改变,具体特点如下:

（1）final 修饰的类不能被继承。

（2）final 修饰的方法不能被子类重写。

（3）final 修饰的变量是常量，初始化后不能再修改。

1. final 关键字修饰类

使用 final 关键字修饰的类，称为最终类，表示不能再被其他的类继承，具体示例如下。

【**例 5-7**】　final 类实例。

```
final class Parent {
}
class Child extends Parent {
}
```

从程序运行结果可以看出，使用 final 关键字修饰了 Parent 类。因此，Child 类继承 Parent 类时，程序编译结果报错并提示 The type Child cannot subclass the final class Parent。由此可见，被 final 修饰的类为最终类，不能再被继承。

2. final 关键字修饰方法

使用 final 关键字修饰的方法，称为最终方法，表示子类不能重写此方法，具体示例如下。

【**例 5-8**】　final 修饰方法实例。

```
class Parent {
    public final void say() {
        System.out.println("final 修饰 say()方法");
    }
}
class Child extends Parent {
    public void say() {
        System.out.println("重写父类 say()方法");
    }
}
public class FinalFunctionDemo {
    public static void main(String[] args) {
        Child c = new Child();
        c.say();
    }
}
```

从程序运行结果可以看出，Parent 类中使用 final 关键字修饰了成员方法 say()，Child 类继承 Parent 类并重写了 say()方法。程序编译结果报错并提示 Cannot override the final method from Parent。由此可见，被 final 修饰的成员方法为最终方法，不能再被子类重写。

3. final 关键字修饰变量

使用 final 关键字修饰的变量，称为常量，只能被赋值一次。如果再次对该变量进行赋值，则程序在编译时会报错，具体示例如下。

【**例 5-9**】 final 修饰常量。

```java
public class FinalLocalVarDemo {
    public static void main(String[] args) {
        final double PI = 3.14;
        PI = 3.141592653;
    }
}
```

从程序运行结果可以看出,使用 final 修饰变量 PI,再次对其进行赋值,程序编译结果报错并提示"无法为最终变量 PI 分配值"。由此可见,final 修饰的变量为常量,只能初始化一次,初始化后不能再修改。

使用 final 修饰的是局部变量,接下来使用 final 修饰成员变量,具体示例如下。

【**例 5-10**】 final 修饰成员变量实例。

```java
class Parent {
    //使用 final 修饰成员变量
    final double PI;
    public void say() {
        System.out.println(this.PI);
    }
}
class Child extends Parent {
}
public class TestFinalMemberVar {
    public static void main(String[] args) {
        //创建 Child 对象
        Child c = new Child();
        c.say();
    }
}
```

从程序运行结果可以看出,在 Parent 类中使用 final 修饰了成员变量 PI,程序编译结果报错并提示 The blank final field PI may not have been initialized。由此可见,Java 虚拟机不会为 final 修饰的变量默认初始化。因此,使用 final 修饰成员变量时,需要在声明时立即初始化,或者在构造方法中进行初始化。

下面使用构造方法初始化 final 修饰的成员变量,在 Parent 类中添加代码,具体代码如下:

```java
public Parent(){
    PI=3.14;
}
```

此外,final 关键字还可以修饰引用变量,表示该变量只能始终引用一个对象,但可以改变对象的内容。

5.2　抽象类和接口

对于面向对象编程来说，抽象是它的主要特征之一。在 Java 中，可以通过两种形式来体现面向对象的抽象：接口和抽象类。这两者有许多相似的地方，又有许多不同的地方。初学者往往会以为它们可以随意互换使用，但实际不然。下面分别讲解抽象类和接口。

5.2.1　抽象类

在面向对象概念中，所有对象都是通过类来描述的，但是反过来却不是这样，并不是所有的类都能描绘对象。如果一个类中没有包含足够的信息来描述一个具体的对象，这样的类可以定义为抽象类。

抽象类往往用来表征在对问题领域进行分析、设计中得到的抽象概念，是对一系列看上去不同，但本质上相同的具体概念的抽象。例如，如果进行一个图形软件的开发，就会发现问题领域存在着圆形、菱形等一些具体的概念，它们是不同的，但是都属于形状这一概念。形状是一个抽象的概念，所以用来表征抽象概念的类是不能实例化的。

Java 中提供了方法声明和方法实现分离的机制，可以定义不含方法体的方法，方法的方法体由该类的子类根据实际需求去实现，这样的方法称为抽象方法（abstract method），包含抽象方法的类称为抽象类（abstract class）。

Java 用 abstract 关键字表示抽象的意思，用 abstract 修饰的方法，称为抽象方法，是一个不完整的方法，只有方法的声明，没有方法体。用 abstract 修饰的类，称为抽象类，语法如下：

```
[权限修饰符] abstract class 类名{
    [权限修饰符] abstract 返回值类型 方法名(参数列表);
}
```

说明：

（1）抽象方法声明只需给出方法头，不需要方法体，直接以";"结束。

（2）构造方法不能声明为抽象方法。

（3）在抽象类中，可以包含抽象方法，也可以不包含抽象方法，但类中如果有抽象方法，此类必须声明为抽象类。

（4）抽象类不能被实例化，即使抽象类中没有抽象方法，也不能被实例化。

（5）子类必须实现抽象父类中所有的抽象方法，否则子类必须要声明为抽象类。

【例 5-11】　子类实现抽象方法实例。

```
abstract class Animal {
    public abstract void eat();
}
class Dog extends Animal {
```

```
    public void eat() {
        System.out.println("meat");
    }
}
public class AbstractClassDemo {
    public static void main(String[] args) {
        Dog d = new Dog();
        d.eat();
    }
}
```

从程序运行结果可以看出,子类定义时实现了抽象方法,因此在主方法实例化子类对象后,子类对象可以调用子类中实现的抽象方法。

【例 5-12】 子类实现部分抽象方法。

```
abstract class Animal {
        public abstract void eat();
        public abstract void sleep();
}
class Dog extends Animal {
    public void eat() {
        System.out.println("meat");
    }
}
public class AbstractFunDemo {
    public static void main(String[] args) {
        Dog d = new Dog();
        d.eat();
    }
}
```

从程序运行结果可以看出,子类 Dog 中只实现了抽象类 Animal 的 eat()抽象方法,而未实现 sleep()抽象方法。程序编译结果报错并提示 The type Dog must implement the inherited abstract method Animal.sleep()。错误的原因在于子类继承了抽象类的 sleep()抽象方法,该方法没有方法体,不能被实例化。因此,子类必须实现抽象类的所有抽象方法,否则子类还是抽象类。

另外,抽象方法不能用 static 来修饰,因为 static 修饰的方法可以通过类名调用,调用时将调用一个没有方法体的方法,肯定会出错;抽象方法也不能用 final 关键字修饰,因为被 final 关键字修饰的方法不能被重写,而抽象方法的实现需要在子类中实现;抽象方法也不能用 private 关键字修饰,因为子类不能继承父类带 private 关键字的抽象方法。

抽象类中可以定义构造方法,因为抽象类仍然使用的是类继承关系,而且抽象类中也可以定义成员变量。因此,子类在实例化时必须先对抽象进行实例化。具体示例如下。

【例 5-13】 抽象类的构造方法。

```
abstract class Animal {
        private String name;
        public Animal() {
            System.out.println("抽象类无参构造方法");
        }
        public Animal(String name) {
            this.name = name;
            System.out.println("抽象类有参构造方法");
        }
}
class Dog extends Animal {
    public Dog() {
        System.out.println("子类无参构造函数");
    }
    public Dog(String name) {
        super(name);
        System.out.println("子类有参构造函数");
    }
}
public class AbstractConstructorDemo {
    public static void main(String[] args) {
        Dog d1=new Dog();
        Dog d2=new Dog("旺旺");
    }
}
```

从程序运行结果可以看出，抽象类 Animal 中定义了无参和有参两个构造方法。从运行结果可以看出，在子类对象实例化时会默认调用抽象父类中的无参构造方法，也能直接通过 super 关键字调用父类中指定参数的构造方法。

5.2.2　接口

接口（interface）在 Java 中应用非常重要，能很好地体现面向对象编程思想。接口的目的在于对象的抽象管理。例如，有哺乳动物 Imammal（猫和狗），则可以将哺乳动物 Imammal 设计成接口，并在其中设计相应的 speak() 方法，但不指定这个方法的具体内容，因为这是设计阶段的事情，也就是说由实现了 Imammal 接口的类去具体实现猫和狗的叫声。在这里，接口可以使得设计与实现相分离。

接口是全局常量和公共抽象方法的集合，接口可被看作一种特殊的抽象类，也属于引用类型。每个接口都被编译成独立的字节码文件。Java 提供 interface 关键字，用于声明接口，其语法格式如下：

```
interface 接口名{
    全局常量声明;
```

```
        抽象方法声明;
    }
```

例如:

```
interface Imammal{
    String name;
    void speak();
}
```

声明了一个接口,如果没有使用修饰符,表示仅对其在同一包中的类可见。接口中所有的方法只有定义,没有实现。在定义接口时要注意以下几点:

(1) 可以在抽象类中定义方法的默认行为,但是接口中的方法不能有默认行为。

(2) 如果没有指定接口方法和变量的访问权限,Java 将其默认为 public。

(3) extends 表示的是一种单继承关系,而一个类却可以实现多个接口,表示的是一种多继承。

(4) 接口中定义的常量和方法都包含默认的修饰符,其中定义的常量默认声明为 public static final,即全局常量。定义的方法默认声明为 public abstract,即抽象方法。

(5) 如果一个类实现了某个接口,那么必须实现这个接口所有的抽象方法,否则这个类是抽象类。

1. 接口的实现

接口中包含抽象方法。因此,不能直接实例化接口,即不能使用 new 创建接口的实例。Java 提供 implements 关键字,用于实现多个接口,其语法格式如下:

```
class 类名 implements 接口{
    属性和方法
}
```

【例 5-14】 实现接口实例。

```
interface IMammal1{
    void eat();
}
interface IMammal2{
    void sleep();
}
class Cat implements IMammal1, IMammal2{
    public void eat() {
        System.out.println("吃鱼");
    }
    public void sleep() {
        System.out.println("晚上睡觉");
    }
}
```

```
    }
public class ImplementsDemo{
    public static void main(String[] args) {
        Cat c = new Cat();
        c.eat();
        c.sleep();
    }
}
```

从程序运行结果可以看出，使用 interface 定义了两个接口，并在声明 Cat 类的同时使用 implements 实现了接口 IMammal1 和 IMammal2，接口名之间用逗号分隔，类中实现了接口中所有的抽象方法。Cat 类实现了接口且可以被实例化。

2. 接口的继承

在 Java 中使用 extends 关键字来实现接口的继承，它与类的继承类似，当一个接口继承父接口时，该接口会获得父接口中定义的所有抽象方法和常量，但又与类的继承不同，接口支持多重继承，即一个接口可以继承多个父接口。其语法格式如下：

```
interface 接口名 extends 接口名{
    全局常量声明
    抽象方法声明
}
```

【例 5-15】 接口继承实例。

```
interface IMotocar{
        void method1();
}
interface ICar extends IMotocar{
    void method2();
}
interface ITruck extends IMotocar{
    void method3();
}
interface IStation_waggon extends ICar, ITruck{ //继承多个接口
    void method4();
}
class Mycar implements IStation_waggon{
        public void method1(){
            System.out.println("实现 method1()");
        }
        public void method2(){
            System.out.println("实现 method2()");
        }
        public void method3(){
            System.out.println("实现 method3()");
```

```
    }
    public void method4(){
        System.out.println("实现 method4()");
    }
}
public class Demo{
    public static void main(String[] args)    {
        Mycar m = new Mycar();
        m.method1();
        m.method2();
        m.method3();
        m.method4();
    }
}
```

任何实现继承接口的类,必须实现该接口继承的其他接口,除非类被声明为抽象类。

3. 使用接口的好处

使用接口的好处如下:

(1) 声明引用时要使用接口类型。

(2) 方法的参数要声明成接口类型。

(3) 方法的返回值要声明成接口类型。

5.2.3 抽象类和接口的关系

抽象类与接口是 Java 语言中对于抽象类定义进行支持的两种机制,两者非常相似,初学者经常混淆这两个概念,两者的相同点可以归纳为 3 点:

(1) 都包含抽象方法。

(2) 都不能被实例化。

(3) 都是引用类型。

表 5-1 列举了出接口和抽象类之间的区别。

表 5-1   接口和抽象类区别

区　　别	接　　口	抽　象　类
含义	接口通常用于描述一个类的外围能力,而不是核心特征。类与接口之间是-able 或 can do 的关系	抽象类定义了它的继承类的核心特征。派生类与抽象类之间是 is-a 的关系
方法	接口只提供方法声明	抽象类可以提供完整方法、默认构造方法以及用于覆盖的方法声明
变量	只包含 public static final 常量,常量必须在声明时初始化	可以包含实例变量和静态变量
多重继承	一个接口可以继承多个接口	一个类只能继承一个抽象类
实现类	类可以实现多个接口	类只从抽象类派生,必须重写
适用性	所有的实现只能共享方法签名	所有实现大同小异,并且共享状态和行为

　　总体来说，抽象类和接口都用于为对象定义共同的行为，两者在很大程度上是可以互相替换的，但由于抽象类只允许单继承，所以当两者都可以使用时，优先考虑接口，只有当需要定义子类的行为，并为子类提供共性功能时才考虑选用抽象类。

5.3　多态

　　多态是面向对象的另一大特征，封装和继承是为实现多态做准备的。简单来说，多态是具有表现多种形态的能力的特征，它可以提高程序的抽象程度和简洁性，最大限度地降低了类和程序模块间的耦合性。

5.3.1　多态的概念

　　多态意为一个名字可具有多个语义。在程序设计语言中，多态性是指"一种定义，多种实现"。例如：运算符"＋"作用在两个整型变量上时是求和，而作用在两个字符型变量时则是将其连接在一起。在 Java 程序中，多态是指把类中具有相似功能的不同方法使用同一个方法名实现，从而可以使用相同的方式来调用这些具有不同功能的同名方法。下面通过一个例题来演示多态的实现。

　　【例 5-16】　多态实例。

```java
class Person {
    public void eat() {
        System.out.println("meat");
    }
}
class Parent extends Person {
    public void eat() {
        System.out.println("fruit");
    }
}
class Child extends Parent {
    public void eat() {
        System.out.println("vegetables");
    }
}
public class PolymorphismDemo {
    public static void main(String[] args) {
        Person p = null;
        p = new Parent();
        p.eat();
        p = new Child();
        p.eat();
        Parent p2 = new Child();
        p2.eat();
    }
}
```

在主方法中实现了父类类型变量引用不同的子类对象,其中变量 p 首先引用的是 Parent 对象,因此,此次调用的是 Parent 类中的 eat()方法;然后变量 p 引用的是 Child 对象,因此,此处调用的是 Child 类中重写的 eat()方法。从程序运行结果可以发现,虽然执行的都是 p.eat()语句,但变量引用的对象是不同的,执行的结果也不同,这就是多态的概念。

多态有下面几个特点:

(1) 对象类型不可变,引用类型可变。

(2) 只能调用引用对应的类型中定义的方法。

(3) 运行时会运行子类覆盖的方法。

多态实现的 3 个必要条件如下:

(1) 要有继承(实现 implements);

(2) 要有重写(overWrite&overRide);

(3) 父类引用指向子类对象。

Java 中的引用变量有两种类型,即声明类型和实际类型。变量声明时被指定的类型,称为声明类型,而被变量引用的对象类型称为实际类型。方法可以在沿着继承链的多个类中实现,当调用实例方法时,由 Java 虚拟机动态地决定所调用的方法,称为动态绑定。

动态绑定机制原理是当调用实例方法时,Java 虚拟机从该变量的实际类型开始,沿着继承链向上查找该方法的实现,直到找到为止,并调用首次找到的实现。

【例 5-17】 动态绑定实例。

```java
class Person {
    public void eat() {
        System.out.println("meat");
    }
}
class Parent extends Person {
    public void eat() {
        System.out.println("fruit");
    }
}
class Child extends Parent {
}
public class DynamicBindingDemo {
    public static void main(String[] args) {
        Person p = new Child();
        p.eat();
    }
}
```

例 5-17 中,Person 类和 Parent 类都实现了 eat()方法,Child 类是空类,3 个类构成了继承链,主方法中调用了 eat()方法,Java 虚拟机沿着继承链向上查找实现并运行。因此,运行结果打印了 fruit。由此可见,Java 虚拟机在运行时动态绑定方法的实现,是由变量的实际类型决定的。

　　说明：只有实例方法表现出多态作用，其他成员全部没有。

　　【例 5-18】　实例方法多态。

```java
public class Father {
    public String instanceVar = "Father 实例变量";
    public static String staticVar = "Father 静态变量";
    public void instanceMethod () {
        System.out.println("Father 实例方法");
    }
    public static void staticMethod() {
        System.out.println("Father 静态方法");
    }
}
public class Son extends Father {
    public String instanceVar = "Son 实例变量";
    public static String staticVar = "Son 静态变量";

    public void instanceMethod () {
        System.out.println("Son 实例方法");
    }
    public static void staticMethod() {
        System.out.println("Son 静态方法");
    }
}
public class FatherTest {
        public static void main(String[] args) {
        Father father = new Son();
        System.out.println(father.instanceVar);
        System.out.println(father.staticVar);
        father.instanceMethod();          //只有实例方法是多态
        father.staticMethod();
    }
}
```

5.3.2　向上转型和向下转型

　　我们在现实中常常这样说：这个人会表演，但我们并不关心这个人是男人还是女人，是成人还是孩子，也就是说我们更倾向于"人"这个概念。再例如，麻雀是鸟类的一种(鸟类的子类)，我们也经常这样说：麻雀是鸟。这两种说法实际上就是向上转型，通俗地说就是可以把子类转换成父类。具体介绍如下。

　　1. 向上转型

　　向上转型是从子类到父类的转换，也称为隐式转换。

【例 5-19】　向上转型实例。

```java
class mammal{
    void speak(){
        System.out.println("mammal speak.");
    }
}
class dog extends mammal{
    void speak(){
        System.out.println("wangwang.");
    }
}
class cat extends mammal{
    void speak(){
        System.out.println("miaomiao.");
    }
}
public class demo {
    public static void main(String[] args){
        mammal m;
        m = new mammal();
        m.speak();
        m = new dog();
        m.speak();
        m = new cat();
        m.speak();
    }
}
```

向上转型体现了类的多态性,增强了程序的简洁性。

2. 向下转型

向下转型是从父类到子类的转换,也称为显式转换。

子类转换成父类是向上转型,反过来,父类转换成子类就是向下转型。但是,向下转型可能会带来一些问题:我们可以说麻雀是鸟,但是不能说鸟是麻雀。

【例 5-20】　向下转型实例。

```java
class A{
    void aMethod(){
        System.out.println("A method");
    }
}
class B extends A{
    void bMethod1()     {
        System.out.println("B method1");
```

```
        }
        void bMethod2()     {
            System.out.println("B method2");
        }
    }
public class demo{
    public static void main(String[] args)     {
        A a1 = new B();          //向上转型
        a1.aMethod();            //调用父类 aMthod()
        B b1 = (B) a1;           //向下转型,编译无错误,运行时无错误
        b1.aMethod();            //调用父类 A 方法
        b1.bMethod1();           //调用 B 类方法
        b1.bMethod2();           //调用 B 类方法
        A a2 = new A();
        B b2 = (B) a2;           //向下转型,编译无错误,运行时将出错
        b2.aMethod();
        b2.bMethod1();
        b2.bMethod2();
    }
}
```

程序运行结果报错：A cannot be cast to B。从上面的错误可以看出,向下转型必须使用强制类型转换。

【例 5-21】　向上转型和向下转型实例。

```
//定义 Person 类
class Person {
    public void say() {
        System.out.println("Person");
    }
}
//定义 Parent 类实现 Person 类
class Parent extends Person {
    public void say() {
        System.out.println("Parent");
    }
}
//定义 Child 类实现 Person 类
class Child extends Person{
    public void say() {
        System.out.println("Child");
    }
}
public class TestInstanceof {
```

```
   public static void main(String[] args) {
       Person p = new Child();            //向上转型
       Parent o = (Parent) p;             //向下转型
       o.say();
   }
}
```

程序运行结果报错,原因在于:Person 类型变量 p 先指向 Child 对象,变量 p 再向下转型为 Parent 类型。在编译时,编译器检测的是变量的声明类型,则通过编译,但在运行时,转换的是变量的实际类型,而 Child 类型无法强制转换为 Parent 类型。

针对上述情况,Java 提供了 instanceof 关键字,用于判断一个对象是否是一个类(或接口)的实例,表达式返回 boolean 值,其语法格式如下:

```
变量名 instanceof 类型
```

接下来举例说明。

```
public static void main(String[] args){
    Person p=new Child();
    if(p instanceof Parent){
        Parent o=(Parent)p;
        o.say();
    }else if(p instanceof Child){
        Child o=(Child)p;
        o.say();
    }
}
```

从程序运行结果可以看出,instanceof 能准确判断出对象是否是某个类的实例。

5.3.3　Object 类

Java 中提供了一个 Object 类,是所有类的父类,如果一个类没有显式地指定继承类,则该类的父类默认为 Object。本节对 Object 类中 toString()方法和 equals()方法进行讲解。

1. toString()方法

调用一个对象的 toString()方法会默认返回一个描述该对象的字符串,它由该对象所属类名、@和对象十六进制形式的内存地址组成。

【例 5-22】　ToString 方法实例。

```
class Person {
    private String name;
    private int age;
    public Person(String name, int age) {
        this.name = name;
```

```
            this.age = age;
        }
    public String toString() {
        return "Person [name=" +name +", age=" +age +"]";
        }
    }


public class ToStringDemo {
    public static void main(String[] args) {
        Person o = new Person("张三", 18);
        //调用对象的 toString 方法
        System.out.println(o.toString());
        //直接打印对象
        System.out.println(o);
        }
    }
```

从程序运行结果可以看出,默认打印了对象信息,直接打印对象和打印对象的 toString()
方法返回值相同,也就是说,对象输出一定会调用 Object 的 toString()方法。通常,重写
toString()方法返回对象具体的信息。重写 toString()方法的代码如下:

```
public String toString(){
    Return "Person[name="+name+",age="+age+"]";
}
```

2. equals()方法

equals()方法用于测试两个对象是否相等,示例如下:

【例 5-23】　Equals 方法实例。

```
class Person {
    private String name;
    private int age;
    public Person(String name, int age) {
        this.name = name;
        this.age = age;
    }
    public boolean myEquals(Object o) {
        return (this ==o);
    }
}
public class TestEquals {
    public static void main(String[] args) {
        Person o1 = new Person("张三", 18);
        Person o2 = new Person("张三", 18);
        System.out.println(o1.equals(o2));
```

```
                System.out.println(o1.myEquals(o2));
        }
}
```

从程序运行结果可以看出，equals()方法与直接使用——运算符检查两个对象结果相同。这是由于 equals()方法默认实现就是用＝＝运算符检测两个引用变量是否指向同一对象，即比较的是地址。

如果要检测两个不同对象的内容是否相同，就必须重写 equals()方法。例如 String 类中的 equals()方法继承自 Object 类并重写，使之能够检验两个字符串的内容是否相等。重写 equals()方法的代码如下：

```
public boolean equals(Object obj) {
    if (this ==obj)
        return true;
    if (obj ==null)
        return false;
    if (getClass() !=obj.getClass())
        return false;
    Person other = (Person) obj;
    if (age !=other.age)
        return false;
    if (name ==null) {
        if (other.name !=null)
            return false;
    } else if (!name.equals(other.name))
        return false;
    return true;
}
```

从程序运行结果可以看出，在 Person 类中重写了 equals()方法，首先比较两个对象的地址是否相等，如果相等，则是同一对象。因为 equals()方法的形参是 Object 类型，所以可以接收任何对象。因此，此项判断对象是否为 Person 的实例，如果是，则依次比较各个属性。

5.3.4 工厂设计模式

工厂模式(Factory)主要用来实例化有共同接口的类，它可以动态决定应该实例化哪一个类，不必事先知道每次要实例化哪一个类。工厂模式主要有 3 种形态：简单工厂模式、工厂方法模式和抽象工厂模式。接下来分别对这 3 种形态进行讲解。

1. 简单工厂模式

简单工厂模式(Simple Factory Pattern)又称静态工厂方法，它的核心是类中包含一个静态方法，该方法用于根据参数来决定返回实现同一接口不同类的实例。

【例 5-24】 简单工厂模式实例。

```java
//定义产品接口
interface Product {
}
//定义安卓手机类
class Android implements Product {
    public Android() {
        System.out.println("安卓手机被创建!");
    }
}
//定义苹果手机类
class iPhone implements Product {
    public iPhone() {
        System.out.println("苹果手机被创建!");
    }
}
//定义工厂类
class SimpleFactory {
    public static Product factory(String className) {
        if ("Android".equals(className)) {
            return new Android();
        } else if ("iPhone".equals(className)) {
            return new iPhone();
        } else {
            return null;
        }
    }
}
public class TestSimpleFactoryPattern {
    public static void main(String[] args) {
        //根据不同的参数生成产品
        SimpleFactory.factory("Android");
        SimpleFactory.factory("iPhone");
    }
}
```

例 5-24 中，定义 SimpleFactory 类是简单工厂的核心，此类拥有必要的逻辑判断和创建对象的责任。由此可见，简单工厂就是将创建产品的操作集中在一个类中。

工厂类 SimpleFactory 有很多局限。首先，维护和新增产品时，都必须修改 SimpleFactory 源代码。其次，如果产品之间存在复杂的层次关系，则工厂类必须拥有复杂的逻辑判断。最后，整个系统都依赖 SimpleFactory 类，一旦 SimpleFactory 类出现问题，整个系统就将瘫痪，不能运行。

2. 工厂方法模式

工厂方法模式(Factory Method Pattern)为工厂类定义了接口,用多态来削弱工厂类的职责。

【例 5-25】 工厂方法模式实例。

```java
//定义产品接口
interface Product {
}
//定义安卓手机类
class Android implements Product {
    public Android() {
        System.out.println("安卓手机被创建!");
    }
}
//定义苹果手机类
class iPhone implements Product {
    public iPhone() {
        System.out.println("苹果手机被创建!");
    }
}
//定义工厂接口
interface Factory {
    public Product create();
}
//定义 Android 的工厂
class AndroidFactory implements Factory {
    public Product create() {
        return new Android();
    }
}
//定义 iPhone 的工厂
class iPhoneFactory implements Factory {
    public Product create() {
        return new iPhone();
    }
}
public class TestFactoryMethodPattern {
    public static void main(String[] args) {
        //根据不同的子工厂创建产品
        Factory factory = null;
        factory = new AndroidFactory();
        factory.create();
        factory = new iPhoneFactory();
        factory.create();
    }
}
```

例 5-25 中，定义了 Factory 工厂接口，并声明了 create（）工厂方法，将创建产品的操作放在了实现该方法的子工厂 AndroidFactory 类和 IPoneFactory 类中。由此可见，工厂方法模式是将简单工厂创建对象的职责分担到子工厂类中，子工厂相互独立，互相不受影响。

工厂方法模式也有局限之处，当面对复杂的树状结构的产品时，就必须为每个产品创建一个对应的工厂类，当达到一定数量级就会出现类爆炸。

3. 抽象工厂模式

抽象工厂模式（Abstract Factory Pattern）用于意在创建一系列互相关联或互相依赖的对象。抽象工厂是在工厂方法基础上进行了分类管理。

【**例 5-26**】　抽象工厂模式实例。

```java
//定义 Android 接口
interface Android {
}
//定义 iPhone 接口
interface iPhone {
}
//定义安卓手机-A
class AndroidA implements Android {
    public AndroidA() {
        System.out.println("安卓手机-A被创建!");
    }
}
//定义安卓手机-B
class AndroidB implements Android {
    public AndroidB() {
        System.out.println("安卓手机-B被创建!");
    }
}
//定义苹果手机-A
class iPhoneA implements iPhone {
    public iPhoneA() {
        System.out.println("苹果手机-A被创建!");
    }
}
//定义苹果手机-B
class iPhoneB implements iPhone {
    public iPhoneB() {
        System.out.println("苹果手机-B被创建!");
    }
}
//定义工厂接口
interface Factory {
    public Android createAndroid();
    public iPhone createiPhone();
```

```
}
//创建型号 A 的产品工厂
class FactoryA implements Factory {
    public Android createAndroid() {
        return new AndroidA();
    }
    public iPhone createiPhone() {
        return new iPhoneA();
    }
}
//创建型号 B 的产品工厂
class FactoryB implements Factory {
    public Android createAndroid() {
        return new AndroidB();
    }
    public iPhone createiPhone() {
        return new iPhoneB();
    }
}
public class TestAbstractFactoryPattern {
    public static void main(String[] args) {
        //根据不同的型号创建产品
        Factory factory = null;
        factory = new FactoryA();         //创建 A 工厂
        factory.createAndroid();          //创建安卓-A 手机
        factory.createiPhone();           //创建苹果-A 手机
        factory = new FactoryB();         //创建 B 工厂
        factory.createAndroid();          //创建安卓-B 手机
        factory.createiPhone();           //创建苹果-B 手机
    }
}
```

例 5-26 中定义了 Factory 工厂接口，并声明两个方法，分别对应创建 Android 和 IPhone 两种产品。而 FactoryA 和 FactoryB 子工厂实现工厂接口，用于创建一系列产品。由此可见，抽象工厂是在工厂方法基础上进行了分类管理。

本 章 小 结

本章主要介绍了面向对象的继承、多态的特性，这与第 4 章介绍的封装性构成了面向对象的几大特征，也是学习 Java 语言的重点所在。本章还介绍了抽象类、接口的概念和使用。通过这些知识的学习，读者可以快速地掌握 Java 语言的特点，为后续的学习打下坚实的基础。

习　题

一、选择题

1. 在类的继承关系中，需要遵循以下（　　）继承原则。

　A. 多重　　　　　　B. 单一　　　　　　C. 双重　　　　　D. 不能继承

2. 在 Java 中，一个类继承另外一个类，使用的关键字是（　　）。

　A. inherits　　　　B. implements　　　C. extends　　　　D. modifies

3. 下面（　　）关键字用于定义接口。

　A. interface　　　B. implements　　　C. abstract　　　　D. class

4. 在接口的继承关系中，需要遵循以下（　　）继承原则。

　A. 多重　　　　　　B. 单一　　　　　　C. 双重　　　　　D. 不能继承

二、填空题

1. 一个类如果实现一个接口，那么它一定要重写这个接口中所有的_____，否则这个类一定被定义为_____。

2. 一个类在定义时，如果使用关键字_____修饰，表示该类不能被继承。

3. Java 中，所有类直接或间接的父类都是_____类。

三、操作题

1. 用接口实现下列功能。

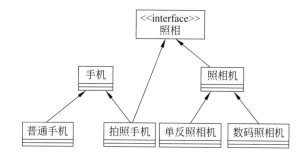

2. 开发打印机。

市场上有彩色、黑白喷墨打印机，它们打印的纸张类型为 A4 和 B5，打印机厂商要兼容市场上的墨盒、纸张。

分析：用面向接口编程的方式开发。

（1）制定墨盒、纸张的约定或标准；

（2）打印机厂商使用墨盒、纸张的标准开发打印机；

（3）其他厂商按照墨盒、纸张的标准生产墨盒、纸张。

3. 开发可以被计算机识别的各种 U 盘的接口程序。

（1）定义一个接口 IUSB，接口中有一个方法 void speed()。

（2）要求用两个类来实现该接口。

（3）编写一个主类 Computer，主类 Computer 中要求有一个方法 getspeed()，该方法的参数是"接口"类型，创建 Computer 的对象，调用此方法来验证接口作为方法的参数的使用方式。

CHAPTER 第 6 章

异 常

本章学习重点：

- 理解异常的概念。
- 掌握异常的处理方式。
- 掌握 throw 和 throws 关键字。
- 掌握自定义异常。

在实际的项目中，程序执行时经常会出现一些意外的情况。例如，用户输入错误，除数为 0，数组下标越界等。这些意外情况会导致程序出错或崩溃，从而影响程序的正常执行。因此，良好的程序除了具备用户需要的基本功能外，还应具有预见并处理可能发生的各种错误的功能。对于这些程序执行时出现的意外，在 Java 语言中被称为异常，出现异常时相应的处理称为异常处理。

计算机系统对异常的处理通常有两种办法：一种是计算机系统本身直接检验程序中的错误，遇到错误时给出错误信息并终止程序的执行；另一种是由程序员在程序中加入异常处理的功能。Java 语言中的特色之一是提供异常处理机制，恰当使用异常处理可以使整个项目更加稳定，也使项目中正常的逻辑代码和错误处理的代码实现分离，便于代码的阅读和维护。

6.1 异常概述

异常是一个在程序执行期间发生的事件，它中断了正在执行程序的正常指令流。在程序中，错误可能产生于程序员没有预料到的各种情况或者是超出了程序员可控范围的环境因素，为了保证程序有效地执行，需要对发生的异常进行相应的处理。在 Java 中，如果某个方法抛出异常，既可以在当前方法中进行捕捉并处理异常，也可以将异常向上抛出，由方法调用者来处理。

通过下例来认识异常的概念。

【例 6-1】 异常实例。

```java
public class DivExceptionDemo {
    public static void main(String[] args) {
        int a = 10/0;
        System.out.println(a);
    }
}
```

从程序运行结果可以看出,运行结果显示发生了算术异常 ArithmeticException(根据给出的错误提示可知在算术表达式中,0 作为除数出现),该情况发生后,系统将不再执行下去,这种情况就是所说的异常。

6.2　异常处理

异常处理的方式有两种:第一种是用 try…catch…finally 结构对异常进行捕获和处理;第二种方式是通过 throw 或 throws 抛出异常。

6.2.1　try…catch…finally 结构

在例 6-1 中程序发生了异常,为了解决这样的问题,Java 提供了异常捕获的处理机制,Java 语言的异常捕获结构由 try、catch 和 finally 三部分组成。接下来分别介绍它们的使用方法,其语法格式如下:

```
try{
    代码
}catch(异常类型 1){
    代码
}：
catch(异常类型 n){
    代码
}finally{
    代码
}
```

上述示例中,try 语句块存放的是可能发生异常的 Java 语句,将可能抛出异常的语句放在 try 块中,当 try 块中的语句发生异常时,异常由与 try 块相关联的异常处理器(catch 块)处理。一个 try 块后面可以有多个 catch 块。每个 catch 块可以处理的异常类型由异常处理器参数指定。当 try 块中的语句发生异常时,运行时系统将调用第一个与参数类型匹配的异常处理器。如果被抛出的对象可以被合法地赋值给异常处理器的参数,那么系统就认为它是匹配的。当包含 catch 子句时,finally 子句是可选的,当包含 finally 子句时,catch 子句是可选的。

接下来使用 try…catch 语句对上例中出现的异常进行捕获,具体示例如下。

【例 6-2】　捕获异常实例。

```
public class TryCatchDemo {
    public static void main(String[] args) {
        System.out.println("异常捕获开始");
        try {
            int a = 10/0;
            System.out.println(a);
        } catch (ArithmeticException e) {
```

```
        System.out.println("捕获到了异常:"+e);
      }
      System.out.println("异常捕获结束");
   }
```

示例中,对可能发生异常的代码使用了 try…catch 进行捕获处理,在 try 代码块中发生了算数异常,程序转而执行 catch 中的代码。从运行结果可以发现,在 try 代码块中,当程序发生异常,后面的代码不会被执行。catch 代码块对异常处理完毕后,程序正常向后执行,不会因为异常而终止。

另外,无论 try 块中是否发生异常,都会执行 finally 块中的代码,通常用于关闭文件或释放其他系统资源。有一种例外情况,就是在 try…catch 中执行 System.exit(0)语句,表示退出当前的 Java 虚拟机,Java 虚拟机停止了,任何代码都不会再执行了。

接下来通过一个案例演示 finally 的作用,具体示例如下。

【例 6-3】 Finally 实例。

```
public class FinallyDemo {
   public static int div(int a, int b) {
      return a/b;
   }
   public static void main(String[] args) {
      System.out.println("异常捕获开始");
      try {
         int a = 10/0;
         System.out.println(a);
      } catch (ArithmeticException e) {
         System.out.println("捕获到了异常:"+e);
         return;
      } finally {
         System.out.println("开始执行 finally 块");
      }
      System.out.println("异常捕获结束");
   }
}
```

示例中,在 catch 块中添加了 return 语句,用于结束当前方法。从程序运行结果可以发现,finally 块中的代码仍会被执行,不被 return 语句影响,而 try…catch…finally 结构后面的代码就不会被执行。由此可以发现,不管程序是否发生异常,还是在 try 和 catch 使用 return 语句结束,finally 块都会执行。

6.2.2　抛出异常

若某个方法可能会发生异常,但不想在当前方法中处理这个异常,则可以使用 throws 或 throw 关键字在方法中抛出异常。

1. throws 抛出异常

任何代码都可能发生异常,如果方法不捕获被检查出的异常,那么方法必须声明它可以抛出的这些异常,用于告知调用者此方法有异常。Java 通过 throws 子句声明方法可抛出的异常,throws 子句由 throws 关键字和一个以逗号分隔的列表组成,列表列出此方法抛出的所有异常,其语法格式如下:

```
数据类型 方法名(形参列表) throws 异常类列表{
    方法体;
}
```

throws 声明的方法表示此方法不处理异常,而交给方法的调用处进行处理。因此,不管方法是否发生异常,调用者都必须进行异常处理,具体示例如下。

【例 6-4】 Throws 异常实例 1。

```java
public class TestThrows {
    //声明抛出异常,本方法中可以不处理异常
    public static int div(int a, int b) throws ArithmeticException{
        return a/b;
    }
    public static void main(String[] args) {
        try {
            //因为方法中声明抛出异常,不管是否发生异常,都必须处理
            int val = div(10, 0);
            System.out.println(val);
        } catch (ArithmeticException e) {
            System.out.println(e);
        }
    }
}
```

示例中,在 div()方法定义时,使用 throws 关键字声明抛出 ArithmeticException。由于主方法中使用 try…catch 进行了异常处理,因而程序可以编译通过,正常运行结束。

throws 关键字在方法处声明,因此方法的调用者也可以使用 throws 关键字。如果主方法使用 throws 声明抛出异常,则异常将被 Java 虚拟机进行处理,具体示例如下。

【例 6-5】 Throws 异常实例 2。

```java
public class ThrowsDemo01 {
    //声明抛出异常,本方法中可以不处理异常
    public static int div(int a, int b) throws ArithmeticException{
        return a/b;
    }
    //主方法声明抛出异常,JVM 进行处理
    public static void main(String[] args) {
        //因为方法中声明抛出异常,不管是否发生异常,都必须处理
```

```
        int val = div(10, 0);
        System.out.println(val);
    }
}
```

在主方法中调用 div()方法时,没有对异常进行捕获,而是使用 throws 关键字声明抛出异常,从运行结果可以发现,程序虽然可以通过编译,但在运行时由于没有对异常进行处理,最终导致程序终止运行。由此可见,在主方法使用 throws 抛出异常,则程序出现异常后由 Java 虚拟机进行处理,这将导致程序中断。

2. throw 抛出异常

到现在为止的所有异常类对象全部都是由 Java 虚拟机自动实例化的,但有时用户希望能亲自进行异常类对象的实例化操作,自己手动抛出异常,那么此时就需要依靠 throw 关键字来完成。其语法格式如下:

```
throw new 异常对象();
```

接下来通过一个实例来演示 throw 的用法,具体示例如下。

【例 6-6】 Throw 异常实例。

```
public class TestThrow {
    public static int div(int a, int b) {
        //抛出异常的实例对象
        if(0 ==b)
            throw new ArithmeticException("错误:除数不能为 0!");
        return a/b;
    }
    public static void main(String[] args) {
        try {
            int val = div(10, 0);
            System.out.println(val);
        } catch (ArithmeticException e) {
            System.out.println(e);
        }
    }
}
```

示例中在 div()方法直接使用 throw 关键字,抛出异常类 ArithmeticException 的实例,从运行结果可以发现,异常捕获机制能捕获到 throw 抛出的异常。

6.3 Error、Exception 和 Runtime Exception

Java 类库中定义了异常类,所有这些类都是 Throwable 类的子类。Throwable 类派生了两个子类,分别是 Error 和 Exception 类。接下来详细介绍异常类的继承体系,如图 6-1

所示。

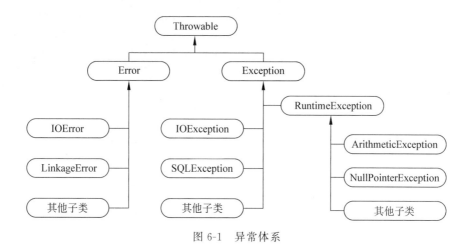

图 6-1　异常体系

这些异常类可以分为 3 类：Error、Exception 和 RuntimeException，接下来对这些异常类进行详细讲解。

（1）Error 类体系描述了 Java 运行系统中的内部错误以及资源耗尽的情形，该类错误是由 Java 虚拟机抛出的，如果发生，除了尽力使程序安全退出外，在其他方面是无能为力的。

（2）Exception 类体系包括 RuntimeException 类体系和其他可查异常，可查异常是由于环境造成的，因此将是捕获处理的重点，即表示是可以恢复的。

（3）RuntimeException 类体系包括错误的类型转换、数组越界访问和试图访问空指针等。当 RuntimeException 出现时，即表示程序员设计的时候出错。

Error 类和 RuntimeException 类以及子类都称为免检异常，其他异常类都称为必检异常。Java 语言不强制要求编写代码捕获或声明免检异常，但会强制编码者检查并处理必检异常。

下面通过一个实例来演示 Throwable 类中的操作。

【例 6-7】　Throwable 类。

```java
public class TestThrowableMethod {
    public static int div(int a, int b) {
        return a/b;
    }
    public static void main(String[] args) {
        try {
            int val = div(10, 0);
            System.out.println(val);
        } catch (Exception e) {
            System.out.println("getMessage:");
            System.out.println(e.getMessage());
            System.out.println("------toString------");
```

```
        System.out.println(e.toString());
        System.out.println("------printStackTrace------");
        e.printStackTrace();
        System.out.println("------getStackTrace------");
        StackTraceElement[] els = e.getStackTrace();
        for (int i = 0; i <els.length; i++) {
            System.out.print("method:"+els[i].getMethodName());
            System.out.print("("+els[i].getClassName()+":");
            System.out.println(els[i].getLineNumber()+")");
        }
    }
  }
}
```

6.4　自定义异常类

在特定的问题领域,可以通过扩展 Exception 类或 RuntimeException 类来创建自定义的异常。异常类包含了和异常相关的信息。这有助于负责捕获异常的 catch 代码块准确地分析并处理异常。

在程序中使用自定义异常类,大体可分为以下几个步骤:

(1) 创建自定义异常类并继承 Exception 基类,如果自定义 Runtime 异常,则继承 RuntimeException 基类。

(2) 在方法中通过 throw 关键字抛出异常对象。

(3) 如果在当前抛出异常的方法中处理异常,可以使用 try…catch 语句块捕获并处理,否则在方法的声明处通过 throws 关键字指明要抛出给方法调用者的异常,继续进行下一步操作。

(4) 在出现异常方法的调用者中捕获并处理异常。

通过以下示例学习自定义异常。

【例 6-8】　自定义异常 1。

```
//自定义异常,继承 Exception 类
class DivException extends Exception {
    public DivException() {
        super();
    }
    public DivException(String message) {
        super(message);
    }
}
public class TestCustomException01 {
    public static int div(int a, int b) {
        if(0 ==b)
```

```
            throw new DivException("除数不能为 0!");
        return a / b;
    }
    public static void main(String[] args) {
        try {
            int val = div(10, 0);
            System.out.println(val);
        } catch (DivException e) {
            System.out.println(e.getMessage());
        }
    }
}
```

程序编译报错，原因在于：div()方法使用 throw 抛出 DivException 的对象，而 Exception 及其子类是必检异常，因此，必须对抛出的异常进行捕获或声明抛出。第二个异常也是由于不确定 try 块中抛出的是什么类型的异常导致的，如果 catch 后改为 Exception 是可以通过编译的，因为 Exception 是所有异常的父类。

修改如下。

【例 6-9】 自定义异常 2。

```
//自定义异常,继承 Exception 类
class DivException extends Exception {
    public DivException() {
        super();
    }
    public DivException(String message) {
        super(message);
    }
}
public class TestCustomException02 {
    //声明抛出异常
    public static int div(int a, int b) throws DivException {
        if(0 ==b)
            throw new DivException("除数不能为 0!");
        return a/b;
    }
    public static void main(String[] args) {
        try {
            int val = div(10, 0);
            System.out.println(val);
        } catch (DivException e) {
            System.out.println(e.getMessage());
        }
    }
}
```

自定义异常 DivException 实现 Exception 类，div（）方法使用 throw 关键字抛出 DivException 类的实例，并使用 throws 声明抛出异常。

本 章 小 结

通过本章的学习，掌握 Java 的异常处理机制。重点了解异常处理的使用方式。当遇到异常时，应编写异常处理语句来进行处理。

习　　题

一、选择题

1. 异常处理中，释放资源、关闭文件、关闭数据库等都由（　　）来完成。

　　A. try 语句　　　　　　B. catch 语句　　　　C. finally 语句　　　　D. throw 语句

2. 当方法遇到异常但不知道如何处理时，应该（　　）。

　　A. 捕获异常　　　　　　B. 抛出异常　　　　　C. 声明异常　　　　　D. 嵌套异常

3. 下面关于异常的说法正确的是（　　）。

　　A. 异常是编译时的错误　　　　　　　　　B. 异常是运行时的错误

　　C. 程序错误就是异常　　　　　　　　　　D. 以上都正确

二、填空题

1. Java 语言的异常捕获结构由 try、_____和 finally 3 部分组成。

2. Throwable 类有两个子类，分别是_____类和_____类。

CHAPTER 第 **7** 章
Java 常用系统类

本章学习重点：

- 掌握 Java 的包装类。
- 掌握字符串类的使用。
- 了解 System 类和 Runtime 类的使用。
- 掌握 Math 类和 Random 类的使用。
- 掌握日期类的使用。

Java 系统提供了大量的类和接口供程序开发人员使用，并且按照功能的不同，存放在不同的包中。这些包的集合称为基础类库，也可以称为"类库"，即为应用程序接口（API）。这里所谓的"接口"并不是 Java 中定义的接口，而是特指为使某两个事物顺利协作而定义的某种规范。

7.1 基本类型包装器

在 Java 中提出的概念是一切皆对象，如果有此概念的话，则肯定有个矛盾：基本数据类型不是对象，如何符合一切皆对象这个理论呢？为了弥补这个不足，JDK 中提供了一系列的包装类可以将基本数据类型的值包装为引用数据类型的对象。Java 中的 8 种基本数据类型都有与之对应的包装类，如表 7-1 所示。

表 7-1　基本类型包装类

基本数据类型	包　装　类	基本数据类型	包　装　类
int	Integer	byte	Byte
char	Character	long	Long
float	Float	short	Short
double	Double	boolean	Boolean

表 7-1 列举了 8 种基本数据类型对应的包装类，包装类和基本数据类型进行转换时涉及两个概念——装箱和拆箱。装箱是指将基本数据类型的值转为引用数据类型的对象，拆箱是指将引用数据类型的对象转为基本数据类型。接下来以 int 类型的包装类 Integer 为例来学习装箱和拆箱，首先来了解 Integer 类的构造方法，如表 7-2 所示。

表 7-2   Integer 类的构造方法

构 造 方 法	功 能 描 述
public Integer(int value)	构造一个新分配的 Integer 功能，表示指定的 int 值
public Integer(String s)	构造一个新分配的 Integer 功能，表示 String 参数所指定的 int 值

下面通过例题来学习包装类 Integer 的装箱和拆箱过程。

【例 7-1】 整型装箱实例。

```java
public class BoxingDemo {
    public static void main(String[] args) {
        int a = 100;
        Integer b = new Integer(a);
        System.out.println(b.equals(a));
    }
}
```

【例 7-2】 整型拆箱实例。

```java
public class UnBoxingDemo {
    public static void main(String[] args) {
        Integer a = new Integer("100");
        System.out.println(a.intValue());
    }
}
```

例 7-1 和例 7-2 是用包装类 Integer 为例讲解的装箱和拆箱，其他几个包装类的操作类似。

Integer 类还有一些常用方法，如表 7-3 所示。

表 7-3   Integer 类的常用方法

方 法	功 能 描 述
int intValue()	以 int 类型返回 Integer 值
static int parseInt(String s)	将字符串参数作为有符号的整数进行解析
String toString()	返回一个表示该 Integer 值的 String 对象
static Integer valueof(int i)	返回一个表示指定的 int 值的 Integer 实例
static Integer valueof(String s)	返回保存指定的 String 的值的 Integer 对象

JDK 提供了自动装箱和拆箱机制，是指基本类型值与包装类的对象相互自动转换，在变量赋值或方法调用等情况时，使用更加简单、直接，从而提高了开发效率。接下来通过一个案例演示自动装箱和拆箱的使用，具体示例如下。

【例 7-3】　自动装箱和拆箱实例。

```java
public class AutomaticDemo {
    public static void main(String[] args) {
        Integer a=100;
        System.out.println(a.toString());
        int b=a;
        System.out.println(++b);
    }
}
```

例中,首先将 100 赋值给 Integer 类型的 a,因为 100 是基本数据类型 int 的数据,所以在程序底层进行了自动装箱,将 100 转换为 Integer 类型的对象,调用 Integer 对象的 toString()方法将 a 转换为字符串打印出来。接着将 a 赋值给 int 类型的 b,因为 a 是 Integer 类型的对象,所以在程序底层进行了自动拆箱,将 a 对象转换为基本数据类型,最后将 b 加 1 并打印。

7.2　字符串类

Java 中字符串类型是个非常特殊的类型,也是最常用的类型,正因为它的特殊性和常用性,String 不属于 8 种基本数据类型。因为对象的默认值是 null,所以 String 对象的默认值也是 null。Java 中提供了 String 和 StringBuffer 两个类来分析字符串,并提供了一系列操作字符串的方法,下面详细介绍它们的使用方法。

7.2.1　String 类

String 类表示不可变的字符串,一旦 String 类被创建,该对象中的字符序列将不可改变,直到这个对象被销毁。在 Java 中,字符串被大量使用,为了避免每次都创建相同的字符串对象及内存分配,JVM 内部对字符串对象的创建做了一些优化,用一块内存区域专门来存储字符串常量,该区域被称为常量池。String 类根据初始化方式的不同,对象创建的数量也有所不同,接下来分别演示 String 类两种初始化方式。

1. 使用直接赋值初始化

使用直接赋值的方式将字符串常量赋值给 String 变量,JVM 首先会在常量池中查找该字符串,如果找到,则立即返回引用;如果未找到,则在常量池中创建该字符串对象并返回引用。接下来演示直接赋值方法初始化字符串。

【例 7-4】　String 实例 1。

```java
public class StringDemo1 {
    public static void main(String[] args) {
        String s1 = "helloworld";
        String s2 = "helloworld";
        String s4 = "hello";
        String s5 = "world ";
        String s3 = s4+s5;
```

```
        if(s1 ==s2) {
            System.out.println("s1 与 s2 相等");
        } else {
            System.out.println("s1 与 s2 不相等");
        }
        if(s2 ==s3) {
            System.out.println("s2 与 s3 相等");
        } else {
            System.out.println("s2 与 s3 不相等");
        }
    }
}
```

例 7-4 中，直接将字符串 helloworld 赋值给 s1，初始化完成，接着初始化 s2 和 s3，比较 s1 和 s2 的结果是相等的，这就说明了字符串会放到常量池，如果使用相同的字符串，则引用指向同一个字符串常量。比较 s2 和 s3 的结果是不相等的，说明引用的是不同的常量。

2. 构造方法初始化

String 类常用的构造方法如表 7-4 所示。

表 7-4　String 类的构造方法

构 造 方 法	使 用 说 明
public String()	初始化一个空的 String 对象，使其表示一个空字符串
public String(char[] value)	分配一个新的 String，使其表示字符数组参数中当前包含的序列
public String(String string)	初始化一个 String 对象，使其表示一个与参数相同的字符序列
public String(char[] value,int offset,int count)	分配一个新的 String 对象，使它包含来自字符数组参数中子数组的字符

下面通过一个实例来演示 String 类使用构造方法初始化。

【例 7-5】　String 实例 2。

```
public class StringDemo2{
    public static void main(String[] args) {
        String s1 = "helloworld";
        String s2 = new String("helloworld");
        String s3 = new String("helloworld");
        if(s1 ==s2) {
            System.out.println("s1 与 s2 相等");
        } else {
            System.out.println("s1 与 s2 不相等");
        }
        if(s2 ==s3) {
            System.out.println("s2 与 s3 相等");
```

```
        } else {
            System.out.println("s2与s3不相等");
        }
    }
}
```

例 7-5 中,创建了 3 个字符串,s1 是用直接赋值的方式初始化,s2 和 s3 是用构造方法初始化,比较字符串 s1 和 s2,结果不相等,因为 new 关键字是在堆空间新开辟了内存,这块内存存放字符串常量的引用,所以二者地址值不相等。比较字符串 str2 和 str3,结果不相等,原因也是 s2 和 s3 都是在堆空间中新开辟了内存,所以二者地址值不相等。

3. String 类的常见方法

Java 语言提供了多种处理字符串的方法。表 7-5 列出了 String 类常用的方法。

表 7-5　String 类的常用方法

方　　法	说　　明
char charAt(int index)	获取给定的 Index 处的字符
int compareTo(String anotherString)	按照字典的方式比较两个字符串
int compareToIgnoreCase(String str)	按照字典的方式比较两个字符串,忽略大小写
String concat(String str)	将给定的字符串连接到这个字符串的末尾
static String copyValueOf(char[ ] data)	创建一个和给定字符数组相同的 String 对象
static String copyValueOf (char [ ] data, int offset,int count)	使用偏移量,创建一个和给定字符数组相同的 String 对象
boolean equals(Object anObject)	将这个 String 对象和另一个对象 String 进行比较
boolean equalsIgnoreCase(Sting anotherString)	将这个 String 对象和另一个对象 String 进行比较,忽略大小写
void getChars (int strbegin, int strend, char[ ] data,int offset)	将这个字符串的字符复制到目的数组
int indexOf(int char)	产生这个字符串中出现给定字符的第一个位置的索引
int indexOf(int ch,int fromIndex)	从给定的索引处开始,产生这个字符串中出现给定字符的第一个位置的索引
int indexOf(String str)	产生这个字符串中出现给定子字符的第一个位置的索引
int indexOf(String str,int fromIndex)	从给定的索引处开始,产生这个字符串中出现给定子字符的第一个位置的索引
int length( )	产生这个字符串的长度
boolean regionMatches (boolean ignoreCase, int toffset, String other, int ooffset, int len)	检查两个字符串区域是否相等,允许忽略大小写
String replace(char oldChar,char newChar)	通过将这个字符串中的 odChar 字符转换为 newChar 字符来创建一个新字符串
boolean starsWith(String prefix)	检查这个字符串是否以给定的前缀开头

方　法	说　明
boolean starsWith(String prefix,int toffset)	从给定的索引处开头,检查这个字符串是否以给定的前缀开头
String substring(int strbegin)	产生一个新字符串,它是这个字符串的子字符串
String substring(int strbegin,int strend)	产生一个新字符串,它是这个字符串的子字符串,允许指定结尾处的索引
char[ ] toCharArray()	将这个字符串转换为新的字符数组
String toLowerCase()	将这个 String 对象中的所有字符变为小写
String toString()	返回这个对象(它已经是一个字符串)
String toUpperCase()	将这个 String 对象中的所有字符变为大写
String trim()	去掉字符串开头和结尾的空格
static String valueOf(int i)	将 int 参数转化为字符串返回。该方法有很多重载方法,用来将基本数据类型转化为字符串

下面通过几个实例来进行学习。

【例 7-6】 求指定字符串的长度。

```java
public class StrLength{
    public static void main(String[] args){
        String s1="Hello,Java!";
        String s2=new String("你好,Java");
        int len1=s1.length();
        int len2=s2.length();
        System.out.println("字符串 s1 长度为"+len1);
        System.out.println("字符串 s2 长度为"+len2);
    }
}
```

【例 7-7】 在字符串中查找字符和子串。

```java
public class StrSearch{
    public static void main(String[] args){
        String s1="Javav";
        char c=s1.charAt(2);
        System.out.println("c="+c);
        int i=s1.indexOf('a');
        System.out.println("fistchar="+i);
        int j=s1.lastIndexOf('a');
        System.out.println("lastchar="+j);
        i=s1.indexOf("av");
        System.out.println("fiststring="+i);
```

```
        j=s1.lastIndexOf("av");
        System.out.println("laststring="+j);
    }
}
```

【例 7-8】　字符串去空格。

```
public class StringTest1{
    public static void main(String[] args) {
        String str = "   helloworld   ";
        System.out.println(str.trim());
    }
}
```

例中,先定义一个字符串,然后调用 trim()方法去掉字符串两端的空格并打印。

【例 7-9】　字符串截取。

```
public class StringTest2{
    public static void main(String[] args) {
        String str = "helloworld";
        //从第 11 个位置开始截取
        System.out.println(str.substring(3));
        //截取第 5~9 个位置的内容
        System.out.println(str.substring(4, 9));
    }
}
```

String 类中提供了两个 substring()方法,一个是从指定位置截取到字符串结尾,另一个是截取字符串指定范围的内容。

【例 7-10】　字符串拆分。

```
public class StringTest3{
    public static void main(String[] args) {
        String str = "hello.world";
        String[] split = str.split("\\.");
        for(int i = 0; i <split.length; i++) {
            System.out.println(split[i]);
        }
    }
}
```

例中,先定义一个字符串,然后调用 split(String regex)方法按"."进行字符串拆分,这里要写成"\\.",因为 split 方法传入的是正则表达式,点是特殊符号,需要转义,在前面加"\",而 Java 中反斜杠是特殊字符,需要用两个反斜杠表示一个普通斜杠,拆分成功后,循环打印这个字符串数组。

7.2.2 StringBuffer 类

String 和 StringBuffer 都可以存储和操作字符串,即包含多个字符的字符串数据。String 类代表字符串,Java 程序中的所有字符串都作为此类的实例实现。字符串是常量,它们的值在创建之后不能更改,因为 String 对象是不可变的,所以可以共享。字符串缓冲区 StringBuffer 支持可变的字符串,它的对象是可以扩充和修改的。在字符串的内容会不断修改的时候使用 StringBuffer 比较合适。

接下来学习 StringBuffer 不同于 String 类的一些常用方法,如表 7-6 所示。

表 7-6　StringBuffer 类的常用方法

方　　法	说　　明
StringBuffer append(String str)	向 StringBuffer 追加内容 str
StringBuffer append(StringBuffer str)	向 StringBuffer 追加内容 str,参数为 StringBuffer 的实例对象
StringBuffer append(char c)	向 StringBuffer 追加内容 c
StringBuffer delete(int start,int end)	删除指定范围的字符串
StringBuffer insert(int offset,String str)	在指定位置加上指定字符串
StringBuffer reverse()	将字符串内容反转

接下来用一个案例来演示这些方法的使用,具体示例如下。

【例 7-11】　StringBuffer 实例。

```java
public class StringBufferDemo {
    public static void main(String[] args) {
        StringBuffer sb1 = new StringBuffer();
        sb1.append("He");               //追加 String 类型内容
        sb1.append('l');                //追加 Char 类型内容
        sb1.append("lo");
        StringBuffer sb2 = new StringBuffer();
        sb2.append("\t");
        sb2.append("World!");
        sb1.append(sb2);
        System.out.println(sb1);        //追加 StringBuffer 类型内容
        sb1.delete(5, 6);
        System.out.println("字符串删除:" +sb1);
        String s = "——";
        sb1.insert(5, s);
        System.out.println("字符串插入:" +sb1);
        sb1.reverse();
        System.out.println("字符串反转:" +sb1);
    }
}
```

例 7-11 中,先创建一个 StringBuffer 对象,向该 StringBuffer 对象中分别追加 String 类型、char 类型和 StringBuffer 类型的数据,打印 StringBuffer 对象,调用 delete(int start,int end)方法将指定范围的内容删除,在本例中指定索引为"5,6",也就是将字符串中间的空格删除了,然后调用 insert(int offset,String str)方法在刚删除的空格位置加上"－－",最后调用 reverse()方法将内容反转。这是 StringBuffer 类的基本使用。

7.3 System 类与 Runtime 类

Java 程序在不同操作系统上运行时,可能需要取得平台相关的属性,或者调用平台命令来完成特定功能。Java 提供了 System 类和 Runtime 类与程序的运行平台进行交互。

7.3.1 System 类

System 类对于读者并不陌生,在之前的学习中,我们经常用到"System.out.println()"来打印内容,这句代码中就用到了 System 类。System 类属性和方法都是静态的,可以直接调用,接下来先了解一下它的常用方法,如表 7-7 所示。

表 7-7 System 类常用方法

方　法	说　明
static void exit(int status)	终止当前正在运行的 Java 虚拟机
static long currentTimeMillis()	返回以毫秒为单位的当前时间
static void gc()	运行垃圾回收期
static Properties getProperties()	取得当前系统的全部属性
static String getProperties(String key)	根据键取得当前系统中对象的属性值

1. currentTimeMillis()方法

currentTimeMillis()方法返回一个 long 类型的值,该值表示当前时间与 1970 年 1 月 1 日 0 时 0 分之间的时间差,单位为毫秒,具体示例如下。

【例 7-12】 currentTimeMillis()方法实例。

```java
public class TestSystemDemo1 {
    public static void main(String[] args) throws Exception {
        long start = System.currentTimeMillis();
        Thread.sleep(100);
        long end = System.currentTimeMillis();
        System.out.println("程序睡眠了" + (end - start) + "毫秒");
    }
}
```

例 7-12 中,获取了两次系统当前时间,在这两次中间调用 sleep(long millis)方法,让程序睡眠 100ms,最后用后获取的时间减去先获取的时间,求出系统睡眠的时间,这里运行结果可能大于 100ms,这是由于计算机性能不同造成的。

2. getProperties()方法

System 类的 getProperties()方法用于可以获取当前系统的全部属性。该方法会返回一个 Properties 对象,其中封装了系统的所有属性,这些属性是以键-值对的形式存在。下面通过一个实例来演示 getProperties()方法的使用。

【例 7-13】　getProperties()方法实例。

```java
public class TestSystemDemo2 {
    public static void main(String[] args) {
        System.out.println("当前系统版本为:" +System.getProperty("os.name")
                +System.getProperty("os.version")
                +System.getProperty("os.arch"));
        System.out.println("当前系统用户名为:" +
                System.getProperty("user.name"));
        System.out.println("当前用户工作目录:" +
                System.getProperty("user.dir"));
    }
}
```

例 7-13 中,根据系统属性的键 key,获取了对应的属性值并打印。

7.3.2　Runtime 类

Runtime 类代表 Java 程序的运行时环境,每个 Java 程序都有一个与之对应的 Runtime 实例,应用程序通过该对象与其运行时环境相连。应用程序不能创建自己的 Runtime 实例,可以调用 Runtime 的静态方法 getRuntime()方法获取它的 Runtime 对象。

先来了解 Runtime 类的常用方法,如表 7-8 所示。

表 7-8　Runtime 类的常用方法

方　　法	说　　明
int availableProcessors()	向 Java 虚拟机返回可用处理器的数目
Process exec(String command)	在单独的进程中执行指定的字符串命令
long freeMemory()	返回 Java 虚拟机中的空闲存量
void gc()	运行垃圾回收器
static Runtime getRuntime()	返回与当前 Java 程序相关的运行对象
long maxMemory()	返回 Java 虚拟机试图使用的最大内存量
long totalMemory()	返回 Java 虚拟机中的内存总量

接下来通过一个案例来演示这些方法的使用,具体示例如下。

【例 7-14】 Runtime 实例。

```
public class RuntimeDemo {
    public static void main(String[] args) throws Exception {
        Runtime runtime = Runtime.getRuntime();
        System.out.println("处理器数量:" + runtime.availableProcessors());
        System.out.println("空闲内存数:" + runtime.freeMemory());
        System.out.println("总内存数:" + runtime.totalMemory());
        System.out.println("可用最大内存数:" + runtime.maxMemory());
        runtime.exec("notepad.exe");
    }
}
```

例 7-14 中，首先调用 getRuntime()方法得到 Runtime 实例，然后调用它的方法获取 Java 运行时环境信息，最后调用 exec(String command)方法，指定参数为"notepad.exe"命令，程序运行自动启动记事本。

7.4　Math 类与 Random 类

Math 类是数学操作类，提供了一系列用于数学运算的静态方法，它位于 java.lang 包中。Random 类可以在指定的取值范围内随机产生数字，它位于 java.util 包中。

7.4.1　Math 类

在编写程序时，可能需要计算一个数的平方根、绝对值、获取一个随机数等。java.lang.Math 类包含用于几何学、三角学及几种一般用途的浮点类方法，来执行很多数学问题。另外，Math 类是用 final 修饰的，因此不能有子类。接下来了解 Math 类的常用方法，如表 7-9 所示。

表 7-9　Math 类的常用方法

方　　法	说　　明
static int abs(int a)	返回绝对值
static double ceil(double a)	返回大于或等于参数的最小整数
static double floor(double a)	返回大于或等于参数的最大整数
static int max(int a,int b)	返回两个参数的最大值
static int min(int a,int b)	返回两个参数的最小值
static double random()	返回 0.0 到 1.0 之间的 double 类型的随机数，包括 0.0，不包括 1.0
static long round(double a)	返回四舍五入的整数值

下面用一个案例演示 Math 类的使用。

【例 7-15】 编程实现两个随机的 10 以内的整数加法运算题目，共 10 道题目，要求从键盘输入运算结果，最终显示计算正确的题目数。

```
import java.io.*;
public class MathDemo {
    public static void main(String args[]){
        int count=0;
        for(int i=1;i<=10;i++){
            int num1,num2,sum=0;
            num1=(int)(Math.random()*10);
            num2=(int)(Math.random()*10);
            System.out.println(num1+"+"+num2+"=?");
            BufferedReader in=new BufferedReader(new
            InputStreamReader(System.in));
                try{
                sum=Integer.parseInt(in.readLine());
                }catch(Exception e){
                e.printStackTrace();
                }
                if((num1+num2)==sum){
                System.out.println("you are right! go on!");
                count++;
                }
                else
                System.out.println("I'm sorry to tell you,you are wrong!");
                }
                System.out.println("你做对了"+count+"个题目!");
        }
    }
}
```

7.4.2　Random 类

java.util.Random 类专门用于生成一个伪随机数,它有两个构造方法:一个是无参数的,使用默认的种子(以当前时间作为种子),另一个需要一个 long 型整数的参数作为种子。

与 Math 类中的 random()方法相比,Random 类提供了更多方法生成伪随机数,不仅能生成整数类型随机数,还能生成浮点型随机数。下面了解一下 Random 类的常用方法,如表 7-10 所示。

表 7-10　Random 类常用方法

方　　法	说　　明
boolean nextBoolean	随机生成 boolean 类型的随机数
double nextDouble	随机生成 double 类型的随机数
float nextFloat	随机生成 float 类型的随机数

续表

方　　法	说　　明
int nextInt	随机生成 int 类型的随机数
Int nextInt(int n)	随机生成[0,n]之间任意一整数类型的随机数,包括 0 但不包括 n
Long nextLong	随机生成 long 类型的随机数

接下来用一个案例演示 Random 类的使用。

【例 7-16】　Random 实例。

```java
import java.util.Random;
public class RandomDemo {
    public static void main(String[] args) {
        Random r = new Random();
        System.out.println("-----3个 int 类型随机数-----");
        for (int i = 0; i <3; i++) {
            System.out.println(r.nextInt());
        }
        System.out.println("-----3个 0.0~100.0 的 double 类型随机数-----");
        for (int i = 0; i <3; i++) {
            System.out.println(r.nextDouble() * 100);
        }
        Random r2 = new Random(10);
        System.out.println("-----3个 int 类型随机数-----");
        for (int i = 0; i <3; i++) {
            System.out.println(r2.nextInt());
        }
        System.out.println("-----3个 0.0~100.0 的 double 类型随机数-----");
        for (int i = 0; i <3; i++) {
            System.out.println(r2.nextDouble() * 100);
        }
    }
}
```

7.5　日期类

在实际开发中经常会遇到日期类型的操作,Java 对日期的操作提供了良好的支持,有 java.util 包中的 Date 类、Calendar 类,还有 java.text 包中的 DateFormat 类以及它的子类 SimpleDateFormat 类,接下来详细讲解这些类的用法。

7.5.1　Date 类

java.util 包中的 Date 类用于表示日期和时间,该类在 JDK 1.0 时就已经开始使用,随着

JDK 版本的不断升级，Date 类中大部分的构造方法都不再使用。在 JDK8 中，Date 类中有两个构造方法可以使用。

Date()：用来创建当前日期时间的 Date 对象。

Date(long date)：用来创建指定时间的 Date 对象，其中 date 参数表示 1970 年 1 月 1 日 0 时 0 分以来的毫秒数，即时间戳。

接下来用一个案例来演示这两个构造方法的使用。

【例 7-17】 Date 实例。

```java
import java.util.Date;
public class DateDemo {
    public static void main(String[] args) {
        Date date1 = new Date();
        System.out.println(date1);
        Date date2 = new Date(System.currentTimeMillis()+1000);
        System.out.println(date2);
    }
}
```

例 7-17 中，首先使用 Date 类空参构造方法创建了一个日期并打印，这是创建的当前日期，接着创建了第二个日期并打印，第二个日期是加 1s 后的时间。

7.5.2 Calendar 类

Calendar 类可以将取得的时间精确到毫秒。Calendar 类是一个抽象类，它提供了很多常量，先来了解一下 Calendar 类常用的常量，如表 7-11 所示。

表 7-11 Calendar 类常量

常　　量	说　　明
public static final int YEAR	获取年
public static final int MONTH	获取月
public static final int DAY_OF_MONTH	获取日
public static final int HOUR_OF_DAY	获取小时
public static final int MINUTE	获取分
public static final int SECOND	获取秒
public static final int MILLISECOND	获取毫秒

接下来通过一个案例来学习这些常量和方法的使用。

【例 7-18】 Calendar 实例。

```java
import java.util.Calendar;
public class CalendarDemo {
    public static void main(String[] args) {
```

```
        Calendar c = Calendar.getInstance();
        System.out.println("年:" +c.get(Calendar.YEAR));
        System.out.println("月:" +c.get(Calendar.MONTH));
        System.out.println("日:" +c.get(Calendar.DAY_OF_MONTH));
        System.out.println("时:" +c.get(Calendar.HOUR_OF_DAY));
        System.out.println("分:" +c.get(Calendar.MINUTE));
        System.out.println("秒:" +c.get(Calendar.SECOND));
        System.out.println("毫秒:" +c.get(Calendar.MILLISECOND));
    }
}
```

例 7-18 中,首先调用 Calendar 类的静态方法 getInstance( )获取 Calendar 实例,然后通过 get(int field)方法,分别获取 Calendar 实例中相应常量字段的值。

7.5.3　DateFormat 类

前面讲解过 Date 类,它获取的时间明显不便于阅读,在实际开发中需要对日期进行格式化操作,Java 提供了 DateFormat 类支持日期格式化,该类是一个抽象类,需要通过它的一些静态方法来获取它的实例,先来了解它的常用方法,如表 7-12 所示。

表 7-12　DateFormat 类常用方法

方　　法	说　　明
static DateFormat getDateInstance( )	获取日期格式器,该格式器具有默认语言环境的默认格式化风格
static DateFormat getDateInstance(int style, Locale aLocale)	获取日期格式器,该格式器具有给定语言环境的给定格式化风格
static DateFormat getTimeInstance( )	获取日期/时间格式器,该格式器具有默认语言环境的默认格式化风格
static DateFormat getTimeInstance (int dateStyle,int timeStyel,Locale aLocale)	获取日期/时间格式器,该格式器具有给定语言环境的给定格式化风格
String format(Date date)	将一个 Date 格式化为日期/时间字符串
Date parse(String s)	从给定字符串的开始解析文本,生成一个日期

接下来用一个案例来演示这些方法的使用。

【例 7-19】　DateFormat 实例。

```
import java.text.DateFormat;
import java.util.Date;
public class DateFormatDemo {
    public static void main(String[] args) {
        Date date = new Date();
        DateFormat shortDateFormat = DateFormat.getDateTimeInstance(
                DateFormat.SHORT, DateFormat.SHORT);
        DateFormat mediumDateFormat = DateFormat.getDateTimeInstance(
```

```
                  DateFormat.MEDIUM, DateFormat.MEDIUM);
        DateFormat longDateFormat = DateFormat.getDateTimeInstance(
                  DateFormat.LONG, DateFormat.LONG);
        DateFormat fullDateFormat = DateFormat.getDateTimeInstance(
                  DateFormat.FULL, DateFormat.FULL);
        System.out.println(shortDateFormat.format(date));
        System.out.println(mediumDateFormat.format(date));
        System.out.println(longDateFormat.format(date));
        System.out.println(fullDateFormat.format(date));
    }
}
```

例 7-19 中,首先分别调用 DateFormat 类的 4 个静态方法获得 DateFormat 实例,然后对日期和时间格式化,可以看出空参的构造方法是使用默认语言环境和风格进行格式化的,而参数指定了语言环境和风格的构造方法,格式化的日期和时间更符合中国人的阅读习惯。

7.5.4 SimpleDateFormat 类

7.5.3 节讲解了使用 DateFormat 类格式化日期和时间,如果想得到特殊的日期显示格式,可以通过 DateFormat 的子类 SimpleDateFormat 类来实现,它位于 java.text 包中,要自定义格式化日期,需要有一些特定的日期标记表示日期格式,先来了解一下常用日期标记,如表 7-13 所示。

表 7-13 常用日期标记

日 期 标 记	说　　　明
y	年,yyyy 表示 4 位年份
M	月份,MM 表示 2 位月份
d	天数,dd 表示 2 位天数
H	小时,HH 表示小时
m	分钟,mm 表示分钟
s	秒,ss 表示秒
S	毫秒,SSS 表示毫秒
G	公元,G 表示公元

在创建 SimpleDateFormat 实例时需要用到它的构造方法,它有 4 个构造方法,其中有一个是最常用的,具体示例如下:

```
public SimpleDateFormat(String s)
```

如上所示的构造方法有一个 String 类型的参数,该参数使用日期标记表示格式化后的日期格式,另外,因为 SimpleDateFormat 类继承了 DateFormat 类,所以它可以直接使用父类方法格式化日期和时间,接下来用一个案例来演示 SimpleDateFormat 类的使用,具体示例如下。

【例 7-20】　SimpleDateFormat 实例。

```
import java.text.SimpleDateFormat;
import java.util.Date;
public class SimpleDateFormatDemo{
    public static void main(String[] args){
        Date date = new Date();
        long longtime = date.getTime();
        SimpleDateFormat format1 =
            new SimpleDateFormat("yyyy-MM-dd HH:mm:ss");
        SimpleDateFormat format2 =
            new SimpleDateFormat("yyyy-MM-dd HH:mm");
        SimpleDateFormat format3 = new SimpleDateFormat("yyyy 年 MM 月 dd
日");
        SimpleDateFormat format4 = new SimpleDateFormat("yyyy/MM/dd");
        SimpleDateFormat format5 = new SimpleDateFormat("yyyy-MM-dd");
        SimpleDateFormat format6 = new SimpleDateFormat("yyyy-MM");
        SimpleDateFormat format7 = new SimpleDateFormat("yyyy");
        System.out.println(format1.format(longtime));
        System.out.println(format2.format(longtime));
        System.out.println(format3.format(longtime));
        System.out.println(format4.format(longtime));
        System.out.println(format5.format(longtime));
        System.out.println(format6.format(longtime));
        System.out.println(format7.format(longtime));
    }
}
```

本 章 小 结

　　本章主要讲解了 Java 中常用的一些类的使用。首先讲解了基本类型包装器的使用,然后讲解了 String 和 StringBuffer 的使用,以及 System、Runtime、Math、Random 类的相关知识,最后讲解了日期类 Date、Calendar、DateFormat、SimpleDateFormat 类的使用。由于篇幅有限,读者可以在 API 文档查看其他常用类的使用方法。

习 　 题

一、选择题

1. 以下(　　)方法是 Math 类中求绝对值的方法。

　　A. ceil()　　　　　　B. floor()　　　　　　C. abs()　　　　　　D. random()

2. String s＝"helloworld",则 s.substring(3,4)返回的字符串是下面(　　)。

　　A. lo　　　　　　　　B. l　　　　　　　C. ll　　　　　　　　D. el

3. 要产生[20,999]之间的随机整数可以用下面(　　)表达式。

　　A.（int）（20＋Math.random（）＊97）　　　B. 20＋（int）（Math.random（）＊980）

　　C.（int）Math.random（）＊999　　　　　　D. 20＋（int）Math.random（）＊980

二、填空题

1. Java 中的操作日期的系统有＿＿＿＿＿、＿＿＿＿＿和＿＿＿＿＿。

2. s 是 StringBuffer 的一个实例，且 s.toString（）的值是 helloworld，则执行 s.reverse（）后，s.toString（）的值是＿＿＿＿＿。

3. System 类中 currentTimeMillis（）方法可以获取以＿＿＿＿＿为单位的当前时间。

CHAPTER 第 8 章

集合类

本章学习重点:

- 掌握 Collection 系列集合。
- 掌握集合的遍历。
- 掌握 Map 系列集合。
- 掌握泛型的概念。

在 Java 开发过程中,经常需要集中存放多条数据,数据通常使用数组来保存。但在某种情况下无法确认到底需要保存多少个对象,为了保存这些数目不确定的对象,JDK 中提供了一系列特殊的类,这些类可以存储任意类型的对象,并且长度可变,统称为集合。使用时一定要注意导入包的问题,否则会出现异常。

集合类就像容器,现实生活中容器的功能,无非就是添加对象、删除对象、清空容器、判断容器是否为空等,集合类就为这些功能提供了对应的方法。

java.util 包中提供了一系列可使用的集合类,称为集合框架。集合框架主要是由 Collection 和 Map 两个根接口派生出来的接口和实现类组成,如图 8-1 所示。

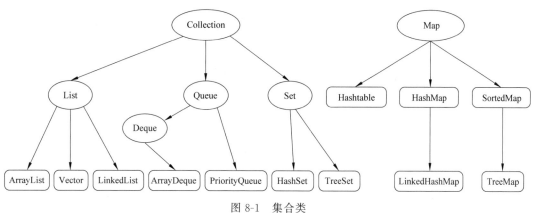

图 8-1　集合类

(1) Collection:单列集合的根接口,用于存储一系列符合某种规则的元素。Collection 集合有两个重要的子接口,分别是 List 和 Set。其中,List 集合的特点是元素有序、可重复; Set 集合的特点是元素无序并且不可重复。List 接口的主要实现类有 ArrayList 和 LinkedList;Set 接口的主要实现类有 HashSet 和 TreeSet。Queue 也是 Collection 的子接口,它主要用于模拟队列这种数据结构,队列通常是指"先进先出"(FIFO)的容器。

（2）Map：双列集合的接口，用于储存具有键（Key）、值（Value）映射关系的元素。Map 集合中每个元素都包含一对键-值，并且 Key 是唯一的，在使用 Map 集合时可以通过指定的 Key 找到对应的 Value。例如根据一个学生的学号就可以找到对应的学生。Map 接口的主要实现类有 HashMap 和 TreeMap。Hashtable 是 Dictionary 类的子类，Dictionary 是抽象类，与查字典操作类似。Hashtable 类也是通过键来查找对象的。

8.1　Collection 接口

Collection 接口是 List、Set 和 Queue 等接口的父接口，该接口里定义的方法既可用于操作 List 集合，也可用于操作 Set 和 Queue 集合。Collection 接口里定义了一系列操作集合元素的方法，如表 8-1 所示。

表 8-1　Collection 接口的方法

方　　法	说　　明
boolean add(Object obj)	向集合添加一个 obj 元素
boolean addAll(Collection c)	将指定集合中的所有元素添加到集合
void clear()	清空集合中的所有元素
boolean contains(Object obj)	判断集合中是否包含某个元素
boolean containsAll(Collection c)	判断集合中是否包含指定集合中的所有元素
boolean equals(Collection c)	比较此集合与指定对象是否相等
Iterator iterator()	返回在此集合的元素上进行迭代的迭代器
boolean remove(Object c)	删除集合中的指定元素
boolean removeAll(Collection c)	删除指定集合中的所有元素
Object[] toArray()	返回包含此集合中所有元素的数组
boolean isEmpty()	如果此集合为空，则返回 true
int size()	返回此集合中的元素个数

读者也可以通过查询 API 文档来学习更多有关 Collection 集合方法的具体用法。

下面通过一个实例来学习方法的使用，具体示例如下。

【例 8-1】　Collection 实例。

```java
import java.util.*;
public class CollectionDemo {
    public static void main(String[] args) {
        Collection  c1 = new ArrayList();
        c1.add(1);
        c1.add("hello");
        System.out.println(c1);
```

```
        System.out.println(c1.size());
        Collection c2 = new HashSet();
        c2.add(1);
        c2.add("hello");
        System.out.println(c2);
    }
}
```

　　例 8-1 中创建了两个 Collection 对象，一个是 c1，另一个是 c2，其中 c1 是实现类 ArrayList 的实例，而 c2 是实现类 HashSet 的实例，虽然它们实现类不同，但都可以把它们当成 Collection 来使用，都可以使用 add 方法给它们添加元素，这里使用了 Java 的多态性。从运行结果可以看出，Collection 实现类重写了 toString() 方法，因此一次性输出了集合中所有的元素。

8.2　List 接口

　　List 接口继承了 Collection 接口，是单列集合的一个分支，实现了 List 接口的对象称为 List 集合。在 List 集合中允许出现重复的元素，所有的元素是以一种线性方式进行存储的，在程序中可以通过索引来访问集合中的指定元素。另外，List 集合还有一个特点就是元素有序，即元素的存入顺序和取出顺序一致。

　　List 接口中大量地扩充了 Collection 接口，拥有了比 Collection 接口中更多的方法定义，其中有些方法还比较常用，如表 8-2 所示。

表 8-2　List 接口的常用方法

方　　法	说　　明
void add(int index, Object element)	在 index 位置插入 element 元素
boolean addAll(int index, Collection c)	将集合 c 中的所有元素插入 List 集合的 index 处
Object get(int index)	得到 index 处的元素
Object set(int index, Object element)	用 element 替换 index 处的元素
Object remove(int index)	移除 index 位置的元素，并返回该元素
int indexof(Object o)	返回集合中第一次出现 o 的索引，若集合中不包含该元素，返回 −1

　　表 8-2 列出了 List 接口的常用方法，所有的 List 实现类都可以通过调用这些方法对集合中的元素操作。

8.2.1　ArrayList 集合

　　ArrayList 是 List 接口的一个实现类，它是程序中最常见的一种集合。在 ArrayList 内部封装了一个长度可变的数组对象，当存入的元素超过数组长度时，ArrayList 会在内存中分配一个更大的数组来存储这些元素，因此可以将 ArrayList 集合看作一个长度可变的数组。

正是因为 ArrayList 内部的数据存储结构是数组形式,在增减指定位置的元素时,会创建新的数组,效率比较低,因此不适合做大量的增删操作。但是,这种数组结构允许程序通过索引的方式来访问元素,因此使用 ArrayList 集合在遍历和查找元素时显得非常高效。

ArrayList 集合中大部分方法都是从父类 Collection 和 List 继承过来的,其中 add()方法和 get()方法用于实现元素的存取。接下来通过一个案例来学习 ArrayList 集合如何存取元素,具体示例如下。

【例 8-2】 ArrayList 实例。

```java
import java.util.*;
public class ArrayListDemo {
    public static void main(String[] args) {
        ArrayList list = new ArrayList();
        list.add("st1");
        list.add("st2");
        System.out.println(list.size());
        System.out.println(list.get(0));
    }
}
```

例 8-2 中,首先创建一个 ArrayList 集合,然后向集合中添加了两个元素,接着调用 size()方法打印出集合元素的个数,又调用 get(int index)方法得到集合中索引为 0 的元素(也就是第一个元素)并打印出来。这里的索引下标是从 0 开始,最大的索引是 size−1,若取值超出索引范围,则会报 IndexOutOfBoundsException。

8.2.2　LinkedList 集合

ArrayList 集合在查询元素时速度很快,但在删除元素时效率很低,为了克服这种局限性,可以使用 List 接口的另外一个实现类 LinkedList。该集合内部包含了两个 Node 类型的 first 和 last 属性,维护一个双向循环链表,链表中的每一个元素都使用引用的方式来记住它的前一个和后一个元素,从而可以将所有的元素连接起来。当插入一个新元素时,只需要修改元素之间的引用关系即可,删除一个元素时也是这样。LinkedList 集合添加元素和删除元素的过程如图 8-2 和图 8-3 所示。

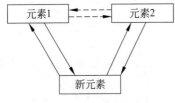

图 8-2　LinkedList 添加元素

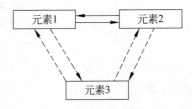

图 8-3　LinkedList 删除元素

通过两张图描述了 LinkedList 集合添加和删除元素的过程。其中,图 8-2 新增一个元素,图中的元素 1 和元素 2 在集合中为前后关系,在它们之间新增一个元素,只需要让元素 1 记住它后面的是新的元素,让元素 2 记住它前面的是新的元素就可以了。图 8-3 为删除元素,删除元素 3 只需要让元素 1 和元素 2 变为前后关系就可以了。

对于频繁地插入或删除元素的操作,建议使用 LinkedList 类,效率较高。

LinkedList 除了具备增删效率高的特点,还为元素的操作定义了一些特有的常用方法,如表 8-3 所示。

表 8-3　LinkedList 实现类常用方法

方　　法	说　　明
void add(int index,Object o)	将 o 插入索引为 index 的位置
void addFirst(Object o)	将 o 插入集合的开头
void addLast(Object o)	将 o 插入集合的结尾
Object getFirst()	得到集合的第一个元素
Object getLast()	得到集合的最后一个元素
Object removeFirst()	删除并返回集合的第一个元素
Object removeLast()	删除并返回集合的最后一个元素

下面通过一个实例来学习方法的使用,具体示例如下。

【例 8-3】　LinkedList 实例。

```java
import java.util.*;
public class LinkedListDemo {
    public static void main(String[] args) {
        LinkedList link = new LinkedList();
        link.add("stu1");
        link.add("stu2");
        System.out.println(link);
        link.addFirst("stu");
        System.out.println(link);
        System.out.println(link.removeLast());
    }
}
```

从程序运行结果可以看出,创建 LinkedList 后,先插入两个元素,并打印结果,然后向集合头部插入一个元素,从输出结果可以看出头部多出一个元素,最后删除尾部的元素。

8.2.3　Iterator 接口

Iterator 接口是 Java 集合框架中的一员,但它与 Collection、Map 接口有所不同,Collection 接口和 Map 接口主要用于存储元素,而 Iterator 主要用于迭代访问(遍历)Collection 中的元素,因此 Iterator 对象也称为迭代器。

可以通过 Collection 接口中的 iterator()方法得到该集合的迭代器对象,只要拿到这个对象,使用迭代器就可以遍历这个集合。接下来通过一个实例来学习如何使用 Iterator 来遍历集合中的元素。

【例 8-4】 Iterator(迭代器)实例。

```java
import java.util.*;
public class IteratorDemo {
    public static void main(String[] args) {
        Collection c = new ArrayList();
        c.add("stu1");
        c.add("stu2");
        c.add("stu3");
        Iterator i = c.iterator();
        while (i.hasNext()) {
            System.out.println(i.next());
        }
    }
}
```

例 8-4 演示了使用 Iterator 迭代器遍历集合的方法。通过调用 ArrayList 的 iterator()方法获得迭代器的对象,然后使用 hasNext()方法判断集合中是否存在下一个元素,若存在,则通过 next()方法取出。通过 next()方法获取元素时,必须调用 hasNext()方法检测是否存在下一个元素,若元素不存在,会抛出异常。

Iterator 仅用于遍历集合,如果需要创建 Iterator 对象,则必须有一个被迭代的集合。接下来通过一个图例来演示 Iterator 迭代元素的过程,如图 8-4 所示。

图 8-4　Iterator 迭代过程

图 8-4 中,在 Iterator 使用 next()方法之前,迭代器游标索引在第一个元素之前,不指向任何元素,当第一次调用 next()方法后,迭代器索引会后移一位,指向第一个元素并返回,以此类推,当 hasNext()方法返回 false 时,说明到达集合末尾,停止遍历。

8.2.4　ListIterator 接口

List 接口额外提供了一个 listIterator()方法,该方法返回一个 ListIterator 对象,ListIterator 接口继承了 Iterator 接口,提供了一些用于操作 List 的方法,如表 8-4 所示。

表 8-4　ListIterator 接口常用方法

方　　法	说　　明
void add(Object o)	将 o 添加进集合
boolean hasPrevious()	判断是否有前一个元素
Object previous()	获取前一个元素
void remove()	从列表中移除 next 或 previous 返回的最后一个元素

下面通过实例来学习如何使用 ListIterator 来遍历元素。

【例 8-5】 ListIterator(迭代器)接口实例。

```java
import java.util.*;
public class ListIteratorDemo {
        public static void main(String[] args) {
            List list = new ArrayList();
            list.add("one");
            list.add("second");
            list.add("third");
            list.add(new Integer(4));
            list.add(new Float(5.0F));
            list.add("second");              //true
            list.add(new Integer(4));        //true
            ListIterator iterator = list.listIterator();
            System.out.print("向下迭代容器里的数据:");
            while(iterator.hasNext())
                System.out.print(iterator.next()+"\t");
            System.out.print("\n向上迭代容器里的数据:");
            while(iterator.hasPrevious())
                System.out.print(iterator.previous()+"\t");
        }
}
```

8.2.5 foreach 循环

虽然 Iterator 可以用来遍历集合中的元素,但写法上比较复杂,为了简化书写,从 JDK5 开始,提供了 foreach 循环。foreach 循环是一种更加简洁的 for 循环,也称为增强 for 循环。foreach 循环用于遍历数组或集合中的元素,其语法格式如下:

```
for(容器内元素类型 临时变量:容器变量){
    语句
}
```

从以上代码可以看出,与普通 for 循环不同的是,它不需要获取容器长度,不需要用索引去访问容器中的元素,但它能自动遍历容器中所有的元素。接下来通过一个案例对 foreach 循环进行详细讲解。

【例 8-6】 foreach 循环实例。

```java
import java.util.*;
public class ForeachDemo {
    public static void main(String[] args) {
        ArrayList list = new ArrayList();           //创建集合
```

```
        list.add("stu1");                           //向集合中添加元素
        list.add("stu2");
        list.add("stu3");
        for (Object o : list) {                      //用 foreach 循环遍历集合中元素
            System.out.println(o);                   //打印集合中取出来的每个元素
        }
    }
}
```

从例 8-6 中可以看出，foreach 循环遍历集合的语法非常简洁，没有循环条件，也没有迭代语句，所有这些工作都交给 JVM 去执行了。foreach 循环的次数是由容器中元素的个数决定的，每次循环时，foreach 中都通过变量将当前循环的元素记住，从而将集合中的元素分别打印出来。

注意：foreach 循环代码简洁，但也有局限性。当使用 foreach 遍历数组或集合时，只能访问其中的元素，不能对元素进行修改，具体示例如下。

【例 8-7】 foreach 循环只能访问元素。

```
public class ForeachDemo2 {
    public static void main(String[] args) {
        String[] arr = new String[3];                //创建一个长度为 3 的数组
        int i = 0;
        for(String strings : arr) {                  //循环遍历数组
            strings = new String(i +"号");            //修改每个遍历到的值
            i++;
        }
        for(String string : arr) {                   //打印数组中的值
            System.out.println(string);              //打印数组中的值
        }
    }
}
```

例 8-7 中第一次循环时修改了每一个取到的值，但第二次循环时，取到的依然是 3 个 null，这说明 foreach 在循环遍历时，不会修改容器中的元素，只是将临时变量 strings 指向了一个新字符串，这和数组中的元素没有关系，所以 foreach 并不能代替普通的 for 循环。

8.3 Set 接口

Set 集合中元素是无序的、不可重复的。Set 接口也是继承自 Collection 接口，但它没有对 Collection 接口的方法进行扩充。

Set 中元素有无序性的特点，这里要注意，无序性不等于随机性，无序性指的是元素在底层存储位置是无序的。Set 接口的主要实现类是 HashSet 和 TreeSet。其中，HashSet 是根据对象的哈希值来确定元素在集合中的存储位置，因此能高效地存取。TreeSet 底层是用二叉树来实现存储元素的,它可以对集合中元素排序,接下来详细讲解这两个实现类。

8.3.1　HashSet 集合

HashSet 类是 Set 接口的一个实现类,它所存储的元素是不可重复的,并且元素都是无序的。HashSet 按哈希算法来存储集合中的元素,当向 HashSet 集合中添加一个元素时,首先会调用元素的 hashCode()方法来确定元素的存储位置,然后再调用元素对象的 equals()方法来确保该位置没有重复元素。另外,集合中的元素可以为 null。Set 集合与 List 集合的存取元素方式都一样,此处不再赘述。下面通过一个案例演示 HashSet 集合的用法,具体示例如下。

【例 8-8】　HashSet 实例。

```java
import java.util.*;
public class HashSetDemo {
    public static void main(String[] args) {
        Set set = new HashSet();          //创建 HashSet 对象
        set.add("white");                 //向集合中存储元素
        set.add(new String("red"));
        set.add("yellow");
        set.add("blue");
        set.add("red");
        for (Object o : set) {            //遍历集合
            System.out.println(o);        //打印集合中的元素
        }
    }
}
```

在例 8-8 中存储元素时,是先存入 yellow,后存入 blue 的,而遍历结果正好相反,这证明了 HashSet 存储的无序性。但是如果多次运行,可以看到结果仍然不变,说明无序性不等于随机性。另外,上例中存储元素时,存入了两个 red,而运行结果中只有一个 red,说明 HashSet 元素的不可重复性。

HashSet 能保证元素不重复,是因为 HashSet 底层是哈希表结构,当一个元素要存入 HashSet 集合时,首先通过自身的 hashCode()方法算出一个值,然后通过这个值查找元素在集合中的位置,如果该位置没有元素,那么就存入。如果该位置上有元素,那么继续调用该元素的 equals()方法进行比较,如果 equals()方法返回为真,证明这两个元素是相同元素,则不存储,否则会在该位置上存储两个元素(一般不可能重复),所以若一个自定义的对象想正确存入 HashSet 集合,那么应该重写自定义对象的 hashCode()和 equals()方法。下面通过一个案例来看一看将没有重写 hashCode()方法和 equals()方法的对象存入 HashSet 会出现什么情况,具体示例如下。

【例 8-9】　元素没有重写 hashCode()方法和 equals()方法。

```java
import java.util.*;
public class HashSetDemo2 {
```

```
    public static void main(String[] args) {
        Set s = new HashSet();                  //创建 HashSet 对象
        s.add(new People("Tom",21));            //向集合中存储元素
        s.add(new People("lily",22));
        s.add(new People("lily",22));
        for (Object o : s) {                    //遍历集合
            System.out.println(o);              //打印集合中的元素
        }
    }
}
class People{
    String name;
    int age;
    public People(String name,int age){        //构造方法
        this.name=name;
        this.age=age;
    }
    public String toString() {                 //重写 toString()方法
        return name+age+"岁";
    }
}
```

从运行结果遍历出的集合元素,可以看出运行结果中"lily22 岁"明显重复了,不应该在 HashSet 中有重复元素出现,之所以出现这种现象,就是因为 People 对象没有重写 hashCode()和 equals()方法。修改后的代码如下。

【例 8-10】 元素重写 hashCode()方法和 equals()方法。

```
import java.util.*;
public class HashSetDemo3 {
    public static void main(String[] args) {
        Set s = new HashSet();                  //创建 HashSet 对象
        s.add(new People("Tom", 21));           //向集合中存储元素
        s.add(new People("lily", 22));
        s.add(new People("lily", 22));
        for (Object o : s) {                    //遍历集合
            System.out.println(o);              //打印集合中的元素
        }
    }
}
class People {
    String name;
    int age;
    public People(String name, int age) {       //构造方法
        this.name = name;
```

```
            this.age = age;
        }
        public String toString() {                 //重写 toString()方法
            return name +age + "岁";
        }
        public int hashCode() {
            final int prime = 31;
            int result = 1;
            result = prime * result +age;
            result = prime * result +((name ==null) ?0 : name.hashCode());
            return result;                          //返回 name 属性的哈希值
        }
        public boolean equals(Object obj) {
            if(this ==obj)                          //判读是否是同一个对象
                return true;                        //若是,返回 true
            if(obj ==null)
                return false;
            if(getClass() !=obj.getClass())
                return false;
            People other = (People) obj;            //将 obj 强转为 People 类型
            if(age !=other.age)
                return false;
            if(name ==null) {
                if(other.name !=null)
                    return false;
            } else if(!name.equals(other.name))
                return false;
            return true;                            //若以上都不符合,返回 true
        }
    }
```

8.3.2 TreeSet 集合

TreeSet 类是 Set 接口的另一个实现类,TreeSet 集合和 HashSet 集合都可以保证容器内元素的唯一性,但它们底层实现方式不同,TreeSet 底层是用自平衡的排序二叉树实现的,所以它既能保证元素唯一性,又可以对元素进行排序。TreeSet 还提供一些特有的方法,如表 8-5 所示。

表 8-5 TreeSet 类常用方法

方　　法	说　　明
Comparator comparator()	如果 TreeSet 采用定制排序,则返回定制排序所使用的 Comparator,如果 TreeSet 采用自然排序,则返回 null
Object first()	返回集合中的第一个元素

续表

方　　法	说　　明
Object last()	返回集合中的最后一个元素
Object lower(Object o)	返回集合中位于 o 之前的元素
Object higher(Object o)	返回集合中位于 o 之后的元素
SortedSet subset(Object o1,Object o2)	返回此 Set 的子集合,范围从 o1 到 o2
SortedSet headset(Object o)	返回此 Set 的子集合,范围小于元素 o
SortedSet tailSet(Object o)	返回此 Set 的子集合,范围大于或等于元素 o

下面用一个案例来演示方法的使用。

【例 8-11】 TreeSet 实例。

```java
import java.util.*;
public class TreeSetDemo {
    public static void main(String[] args) {
        TreeSet tree = new TreeSet();                    //创建 TreeSet 集合
        tree.add(1);                                     //添加元素
        tree.add(2);
        tree.add(300);
        System.out.println(tree);                        //打印集合
    }
}
```

运行结果说明 TreeSet 中元素是有序的,且这个顺序不是添加时的顺序,是根据元素实际值的大小进行排序的。

TreeSet 有两种排序方法,自然排序和定制排序,默认情况下,TreeSet 采用自然排序。下面详细讲解这两种排序方式。

1. 自然排序

TreeSet 类会调用集合元素的 compareTo(Object obj)方法来比较元素之间的大小关系,然后将集合内元素按升序排序,这就是自然排序。Java 提供了 Comparable 接口,它里面定义了一个 compareTo(Object obj)方法,实现 Comparable 接口时必须实现该方法,在方法中实现对象大小比较。当该方法被调用时,例如 obj1.compareTo(obj2),若该方法返回 0,则说明 obj1 和 obj2 相等;若该方法返回一个正整数,则说明 obj1 大于 obj2;若该方法返回一个负整数,则说明 obj1 小于 obj2。

Java 的一些常用类已经实现了 Comparable 接口,并提供了比较大小的方式,如包装类都实现了此接口。

如果把一个对象添加进 TreeSet 集合,则该对象必须实现 Comparable 接口,否则程序会抛出 ClassCastException。另外,向 TreeSet 集合中添加的应该是同一个类的对象,否则也会报 ClassCastException。

【例 8-12】 TreeSet 添加元素错误。

```
import java.util.*;
class Student {
}
public class TreeSetErrorDemo {
    public static void main(String[] args) {
        TreeSet ts = new TreeSet();
        Student s1=new Student();
        Student s2=new Student();
        ts.add(s1);
        ts.add(s2);
    }
}
```

程序运行结果报出异常，这是因为 Student 类没有实现 Comparable 接口。另外，向 TreeSet 集合中添加的应该是同一个类的对象，否则也会报异常。

【例 8-13】 TreeSetError 添加元素错误。

```
import java.util.*;
public class TreeSetErrorDemo2 {
    public static void main(String[] args) {
        TreeSet ts = new TreeSet();
        ts.add(100);
        ts.add("hello");
    }
}
```

程序运行结果报异常，"java.lang.Integer cannot be cast to java.lang.String"，因为向 TreeSet 集合添加了不同类的对象。修改后的代码如下。

【例 8-14】 TreeSet 修改成功。

```
import java.util.*;
public class TestTreeSetSuccess {
    public static void main(String[] args) {
        TreeSet ts = new TreeSet();
        ts.add(new Student());
        ts.add(new Student());
        System.out.println(ts);
    }
}
class Student implements Comparable{
    public int compareTo(Object o) {
        return 1;
    }
}
```

2. 定制排序

TreeSet 的自然排序是根据集合元素大小,按升序排序,如果需要按特殊规则排序或者元素自身不具备比较性时,就需要用到定制排序,如按降序排列。Comparable 接口包含一个 int compare(T t1,T t2)方法,该方法可以比较 t1 和 t2 的大小,若返回正整数,则说明 t1 大于 t2,若返回 0,则说明 t1 等于 t2,若返回负整数,则说明 t1 小于 t2。

实现 TreeSet 的定制排序时,只需在创建 TreeSet 集合对象时,提供一个 Comparable 对象与该集合关联,在 Comparable 中编写排序逻辑。

【例 8-15】 TreeSet 定制排序。

```java
import java.util.*;
class Student implements Comparable{
    private String name;
    private int age;
    Student(String name,int age){
        this.name=name;
        this.age=age;
    }
    public int compareTo(Object o) {
        Student s=(Student)o;
        if(this.age!=s.age){
            return this.age-s.age;
        }else{
            return this.name.compareTo(s.name);
        }
    }
    public String toString() {
        return "Student [age=" +age +", name=" +name +"]";
    }
}
public class TreeSetDemo {
    public static void main(String[] args) {
        TreeSet tree=new TreeSet();
        tree.add(new Student("zhangsan",22));
        tree.add(new Student("lisi",21));
        tree.add(new Student("wangwu",20));
        System.out.println(tree);
    }
}
```

8.4　Map 接口

Map 接口不是继承自 Collection 接口,它与 Collection 接口是并列存在的,用于存储键-值对(key-value)形式的元素,描述了由不重复的键到值的映射。

Map 接口是一种双列集合，它的每个元素都包含一个键对象 Key 和值对象 Value，键和值对象之间存在一种对应关系，称为映射。Map 中的 key（键）和 value（值）可以是任何引用类型的数据。Map 中的 key 用 Set 来存放，不允许重复，即同一个 Map 对象所对应的类，必须重写 hashCode()方法和 equals()方法。通常用 String 类作为 Map 的 key，key 和 value 之间存在单向一对一关系，即通过指定的 key 总能找到唯一的、确定的 value。接下来先了解一下 Map 接口的方法，如表 8-6 所示。

表 8-6　Map 接口的方法

方　　法	说　　明
Object put(Object key,Object value)	将指定的值与此映射中的指定键关联
Object remove(Object key)	如果存在一个键的映射关系，则将其从此映射中移除
void putAll(Map t)	从指定映射中将所有映射关系复制到此映射中
void clear()	从此映射中移除所有映射关系
Object get(Object key)	返回指定键所映射的值，如果此映射不包含该键的映射关系，则返回 null
boolean containsKey(Object key)	如果此映射包含指定键的映射关系，则返回 true
boolean containsValue(Object value)	如果此映射将一个或多个映射到指定值，则返回 true
int size()	返回此映射中的键-值映射关系数
boolean isEmpty()	如果此映射中未包含键-值映射关系，则返回 true
Set keySet()	返回此映射中包含的键的 Set 视图
Collection values()	返回此映射中包含的值的 Collection 视图
Set entrySet()	返回此映射中包含的映射关系的 Set 视图

表中列举了 Map 接口的一些增、删、改、查的主要方法，另外 JDK8 版本在原来的方法基础上增加了许多新的方法针对 Map 集合进行操作，在后续的学习中会详细讲解。

Map 接口有很多实现类，其中最常用的是 HashMap 类和 TreeMap 类，接下来详细讲解这两个类。

8.4.1　HashMap 集合

HashMap 集合是 Map 接口的一个实现类，它用于存储键-值映射关系，该集合的键和值允许为空，但键不能重复，且集合中的元素是无序的。HashMap 类是 Map 接口中使用频率最高的实现类，HashMap 集合判断两个 key 相等的标准是两个 key 通过 equals()方法返回 true，hashCode 值也相等。HashMap 集合判断两个 value 相等的标准是两个 value 通过 equals()方法返回 true。下面通过一个案例演示 HashMap 集合是如何存取元素的，具体示例如下。

【例 8-16】　HashMap 实例 1。

```
import java.util.*;
public class HashMapDemo {
```

```
    public static void main(String[] args) {
        Map m = new HashMap();
        m.put("1", "Lily");
        m.put("2", "Jack");
        m.put("3", "Jone");
        m.put(null, null);
        System.out.println(m.size());
        System.out.println(m);
        System.out.println(m.get("2"));

    }
}
```

例 8-16 中，运行结果打印了 HashMap 集合的长度和所有元素，取出并打印了集合中键为 2 的值，这是 HashMap 基本的存取操作。

由于 HashMap 中的键是用 Set 来存储的，所以不可以重复。下面通过一个实例来演示当键重复时的情况。

【例 8-17】　HashMap 实例 2。

```
import java.util.*;
public class HashMapDemo2 {
    public static void main(String[] args) {
        Map m = new HashMap();
        m.put("1", "Lily");
        m.put("2", "Jack");
        m.put("3", "Jone");
        m.put("3", "Lily");
        System.out.println(m);

    }
}
```

从程序运行结果可以看出，将键为 3、值为 Jone 的元素添入集合，后将键为 3、值为 Lily 的元素添入集合，当键重复时，后添加的元素的值覆盖了先添加元素的值，简单来说就是键相同，值覆盖。

前面讲解了如何遍历 List，遍历 Map 与之前的方式有所不同，有两种方式可以实现。第一种是先遍历集合中的所有键，再根据键获取对应的值。接下来通过一个案例来演示这种遍历方式，具体示例如下。

【例 8-18】　KeySet 实例。

```
import java.util.*;
public class TestKeySet {
    public static void main(String[] args) {
        Map m = new HashMap();
        m.put("2", "Jack");
```

```
    m.put("1", "Lily");
    m.put("3", "Jone");
    Set keySet = m.keySet();
    Iterator it = keySet.iterator();
    while (it.hasNext()) {
        Object key = it.next();
        Object value = m.get(key);
        System.out.println(key +":" +value);
    }
    }
}
```

例 8-18 中通过 keySet()方法获取到键的集合,通过键获取迭代器,从而循环遍历出集合的键,然后通过 Map 的 get(String key)方法,获取所有的值,最后打印出所有的键和值。

Map 集合中的另外一种通过 Iterator 迭代器遍历集合的方式是使用 entrySet()方法,该方法将原有 Map 集合中的键-值对作为一个整体返回为 Set 集合,接着将包含键-值对对象的 Set 集合转为 Iterator 接口对象,然后获取集合中的所有的的键-值对映射关系,再从映射关系中取出键和值。

下面通过一个案例来演示这种遍历方式,具体示例如下。

【例 8-19】　EntrySet 实例。

```
import java.util.*;
public class EntrySetDemo{
    public static void main(String[] args) {
        Map m = new HashMap();
        m.put("1", "Lily");
        m.put("2", "Jack");
        m.put("3", "Jone");
        Set entrySet = m.entrySet();
        Iterator iterator = entrySet.iterator();
        while (iterator.hasNext()) {
            //获取集合中键-值对映射关系
            Map.Entry entry = (Map.Entry) iterator.next();
            Object key = entry.getKey();
            Object value = entry.getValue();
            System.out.println(key +":" +value);
        }
    }
}
```

例 8-19 中创建集合并添加元素后,先获取迭代器,在循环时,先获取集合中键-值对应关系,然后从映射关系中取出键和值,这就是 Map 的第二种遍历方式。

8.4.2　LinkedHashMap 集合

LinkedHashMap 类是 HashMap 的子类,LinkedHashMap 类可以维护 Map 的迭代顺序,迭代顺序与键-值对的插入顺序一致,如果需要输出的顺序与输入时的顺序相同,那么就选用 LinkedHashMap 集合。接下来通过一个案例来学习 LinkedHashMap 集合的用法,具体示例如下。

【例 8-20】　LinkedHashMap 实例。

```java
import java.util.*;
public class TestLinkedHashMap {
    public static void main(String[] args) {
        Map m = new LinkedHashMap();
        m.put("2", "Rose");
        m.put("1", "Jack");
        m.put("3", "Luck");
        Iterator iterator = m.entrySet().iterator();
        while (iterator.hasNext()) {
            Map.Entry entry = (Map.Entry) iterator.next();
            Object key = entry.getKey();
            Object value = entry.getValue();
            System.out.println(key +":" +value);
        }
    }
}
```

例 8-20 中先创建了 LinkedHashMap 集合,然后向集合中添加元素,遍历打印出来。可以发现,打印出的元素顺序和存入的元素顺序一样,这就是 LinkedHashMap 起到的作用,它用双向链表维护了插入和访问顺序,从而使打印出的元素顺序与存储顺序一致。

8.4.3　TreeMap 集合

Java 中 Map 接口还有一个常用的实现类 TreeMap 类,它也是用来存储键-值映射关系的,并且不允许出现重复的键。TreeMap 集合存储键-值对时,需要根据键-值对进行排序。TreeMap 集合可以保证所有的键-值对处于有序状态。下面通过案例来了解 TreeMap 集合的具体用法,具体示例如下。

【例 8-21】　TreeMap 实例。

```java
import java.util.*;
public class TreeMapDemo {
    public static void main(String[] args) {
        Map m = new TreeMap();
        m.put(2, "Rose");
        m.put(1, "Jack");
        m.put(3, "Luck");
```

```
            Iterator iterator = m.keySet().iterator();
            while (iterator.hasNext()) {
                Object key = iterator.next();
                Object value = m.get(key);
                System.out.println(key +":" +value);
            }
        }
    }
```

　　例 8-21 中创建了 TreeMap 集合后,先添加键为 2、值为 Rose 的元素,后添加键为 1、值为 Jack 的元素,但是运行结果中可以看出集合中元素顺序并不是这样,而是按键的实际值大小来升序排列的,这是因为 Integer 实现了 Comparable 接口,因此默认会按照自然顺序进行排序。

　　在使用 TreeMap 集合时,可以通过自定义比较器 Comparator 的方式对所有的键进行定制排序,具体示例如下。

　　【例 8-22】　TreeMap 定制排序。

```
import java.util.*;
public class TreeMapDemo2 {
    public static void main(String[] args) {
        Map m = new TreeMap(new MyComparator());
        m.put(2, "Rose");
        m.put(1, "Jack");
        m.put(3, "Luck");
        Iterator iterator = m.keySet().iterator();
        while (iterator.hasNext()) {
            Object key = iterator.next();
            Object value = m.get(key);
            System.out.println(key +":" +value);
        }
    }
}
class MyComparator implements Comparator{
    public int compare(Object o1,Object o2){
        //将 Object 类型参数强转为 String 类型
        Integer i1=(Integer)o1;
        Integer i2=(Integer)o2;
        return i2.compareTo(i1);
    }
}
```

　　从程序运行结果可以看出,按键为 2、1、3 的顺序将元素存入集合,运行结果则显示集合中元素是按降序排列的,这是因为自定义的 MyComparator 类中的 compare()方法重写了排序逻辑,这就是 TreeMap 的定制排序。

8.5   泛型

通过前面集合的学习，了解到集合中可以存储任意类型的对象元素，但是当把一个对象存入集合后，集合会"忘记"这个对象的类型，将该对象从集合中取出时，这个对象的编译类型就变成了 Object 类型。换句话说，在程序中无法确定一个集合中的元素到底是什么类型的。那么在取出元素时，如果进行强制类型转换就很容易出错。

泛型是 JDK 新加入的特性，解决了数据类型的安全性问题，其主要原理是在类声明时通过一个标识，表示类中某个属性的类型或者是某个方法的返回值及参数类型。这样在类声明或实例化时只要指定好需要的具体类型即可。

Java 泛型可以保证如果程序在编译时没有发出警告，运行时就不会报 ClassCastException，同时，代码更加简洁、健壮。

在前面几节中，编译代码时，都会出现类型安全的警告，如果指定了泛型，就不会出现这种警告。

1. 泛型定义

泛型在定义集合类时，使用＜参数化类型＞的方式指定该集合中方法操作的数据类型，具体示例如下：

```
ArrayList<参数化类型>list=new ArrayList<参数化类型>();
```

接下来通过一个案例来演示泛型在集合中的应用，具体示例如下。

【例 8-23】 泛型实例。

```
import java.util.ArrayList;
public class GenericDemo {
    public static void main(String[] args) {
        ArrayList<String>list = new ArrayList<String>();
        list.add("hello");
        list.add("world");
        list.add("happyeveryday");
        System.out.println(list);
    }
}
```

例 8-23 中，创建集合的时候指定了泛型为 String 类型，则该集合只能添加 String 类型的元素。编译文件时，不再出现类型安全警告，如果向集合中添加非 String 类型的元素，会报编译时异常。

2. 通配符

在讲解了泛型的定义后，这里要引入一个通配符的概念，类型通配符用符号？表示，如 List＜？＞，它是 List＜String＞、List＜Object＞等各种泛型 List 的父类。接下来通过一个案例来演示通配符的使用，具体示例如下。

【例 8-24】　通配符实例。

```
import java.util.*;
public class GenericDemo2 {
    public static void main(String[] args) {
        List<?> l = null;
        l = new ArrayList<String>();
        l = new ArrayList<Integer>();
        //l.add(3);                    //编译时报错
        l.add(null);                   //添加元素 null
        System.out.println(l);
        List<Integer> l1 = new ArrayList<Integer>();
        List<String> l2 = new ArrayList<String>();
        l1.add(1);
        l2.add("hello");
        read(l1);
        read(l2);
    }
    static void read(List<?> list) {
        for (Object o : list) {
            System.out.println(o);
        }
    }
}
```

例 8-24 中,先声明 List 的泛型类型为"?",然后在创建对象实例时,泛型类型设为 String 或 Integer 都不会报错,体现了应用泛型的可扩展性。此时向集合中添加元素时会报错,因为 list 集合的元素类型无法确定,唯一的例外是 null,因为它是所有类型的成员。

3. 有界类型

上面刚讲解了利用通配符"?"来声明泛型类型,Java 还提供了有界类型,可以创建声明父类的上界和声明子类的下界。下面通过案例讲解有界类型,具体示例如下。

【例 8-25】　有界类型实例。

```
import java.util.*;
public class TestGeneric3 {
    public static void main(String[] args) {
        List<? extends Person> list = null;
        //list=new ArrayList<String>(); 报编译时异常
        list = new ArrayList<Person>();
        list = new ArrayList<Man>();
        List<? super Man> list2 = null;
        //list=new ArrayList<String>(); 报编译时异常
        list2 = new ArrayList<Person>();
        list2 = new ArrayList<Man>();
```

```
    }
  }
class Person {
  }
class Man extends Person {
  }
```

例 8-25 中将 list 的泛型类型定义为"? extends Person",表示只允许 list 的泛型类型为 Person 及 Person 的子类,若泛型为其他类型,则报编译时异常。将 list2 的泛型类型定义为 "? super Man",表示只允许 list2 的泛型类型为 Man 及 Man 的父类,如泛型为其他类型, 则报编译时异常。这就是泛型有界类型的基本使用。

8.6 工具类

在 Java 中,针对集合的操作非常多,例如将集合中的元素排序、从集合中查找某个元素等。

8.6.1 Collections 工具类

针对这些常见操作,Java 提供了一个工具类专门用来操作集合,这个类就是 Collections,它位于 java.util 包中。Collections 类中提供大量的静态方法用于对集合中元素进行排序、查找和修改等操作。接下来详细介绍这些常用方法。

1. 排序操作

Collections 类中提供了一些对 List 集合进行排序的静态方法,如表 8-7 所示。

表 8-7   Collections 类排序方法

方　　　法	说　　　明
static void reverse(List list)	将 List 集合元素顺序反转
static void shuffle(List list)	将 List 集合随机排序
static void sort(List list)	将 List 集合根据元素自然顺序排序
static void swap(List list,int i,int j)	将 List 集合的 i 处元素与 j 处元素交换

表 8-7 列出了 Collections 类对 List 集合进行排序的方法,例 8-26 演示这些方法的使用。

【例 8-26】 Collections 实例 1。

```
import java.util.*;
public class CollectionsDemo1 {
    public static void main(String[] args) {
        ArrayList list=new ArrayList();
        Collections.addAll(list, "A","C","B","D");        //添加元素
```

```
        System.out.println("排序前: " +list);              //输出排序前的集合
        Collections.reverse(list);                        //反转集合
        System.out.println("反转后: " +list);
        Collections.sort(list);                           //按自然顺序排列
        System.out.println("按自然顺序排序后: " +list);
        Collections.shuffle(list);
        System.out.println("洗牌后: " +list);
    }
}
```

2. 查找、替换操作

Collections 类中还提供了一些对集合进行查找、替换的静态方法，如表 8-8 所示。

表 8-8　Collections 类查找、替换方法

方　　法	说　　明
static int binarySearch(List list,Object o)	使用二分法搜索 o 元素在 list 集合中的索引，查找的 list 集合中元素必须是有序的
static Object max(Collection coll)	根据元素自然排序，返回 coll 集合中最大的元素
static Object min(Collection coll)	根据元素自然排序，返回 coll 集合中最小的元素
static Boolean replaceAll(List list, Object o1, Object o2)	用 o2 元素替换 list 集合中所有的 o1 元素
int frequency(Collection coll,Object o)	返回 coll 集合中，o 元素出现的次数

表 8-8 列出了 Collections 类中对集合进行查询、替换的方法，例 8-27 演示这些方法的使用。

【例 8-27】　Collections 实例 2。

```
import java.util.*;
public class CollectionsDemo2 {
    public static void main(String[] args) {
        ArrayList list=new ArrayList();
        Collections.addAll(list, 5,16,7,9,8);
        System.out.println("集合中的元素: " +list);
        System.out.println("集合中的最大元素: " +Collections.max(list));
        System.out.println("集合中的最小元素: " +Collections.min(list));
        Collections.replaceAll(list, 8, 0);       //将集合中的 8 用 0 替换掉
        System.out.println("替换后的集合: " +list);
        Collections.sort(list);
        System.out.println("集合排序后为: " +list);
        int index=Collections.binarySearch(list,9);
        System.out.println("集合通过二分法查找元素 9 所在下标为" +index);
    }
}
```

8.6.2 Arrays 工具类

在 java.util 包中,除了针对集合操作提供了一个集合工具类 Collections,还针对数组操作提供了一个数组工具类——Arrays。Arrays 工具类提供了大量针对数组操作的静态方法,如表 8-9 所示。

表 8-9　Arrays 常用方法

方　　法	说　　明
static void sort(Object[] arr)	将 arr 数值元素按自然顺序排序
static int binaySearch(Object[] arr,Object o)	用二分搜索法搜索元素 o 在 arr 数组中的索引
static fill(Object[] arr,Object o)	将 arr 数组中所有元素替换为 o 元素
static String toString(Object[] arr)	将 arr 数组转换为字符串
static object[] copyOfRange(Object[] arr,int i, int j)	将 arr 数组索引从 i 到 j−1 个元素复制到一个新数组,不足的元素默认为 0

接下来通过一个案例来演示这些方法的使用,具体示例如下。

【例 8-28】　Arrays 实例。

```java
import java.util. * ;
public class ArraysDemo {
    public static void main(String[] args) {
        int[] arr = { 9, 8, 3, 5, 2 };
        System.out.print("排序前:");
        for(int i=0;i<arr.length;i++){
            System.out.print(arr[i]+" ");
        }
        Arrays.sort(arr);
        System.out.print("排序后:");
        for(int i=0;i<arr.length;i++){
            System.out.print(arr[i]+" ");
        }
    }
}
```

8.7　集合转换

在开发中,我们可能需要将集合对象(List,Set)转换为数组对象,或者将数组对象转换为集合对象。Java 提供了相互转换的方法。集合可以直接转换为数组,数组也可以直接转换为集合。

1. 集合转换为数组

集合可以直接转换为数组,具体示例如下。

【例 8-29】　集合转换为数组实例。

```
import java.util.*;
public class CollectionToArrayDemo {
    public static void main(String[] args) {
        List l = new ArrayList();                    //创建集合对象
        l.add(100);                                  //添加元素
        l.add(300);
        l.add(200);
        Object[] array = l.toArray();                //将集合转换为数组
        for(Object object : array) {
            System.out.print(object +"\t");          //打印数组
        }
    }
}
```

从程序运行结果可以看出，打印了数组中的 3 个元素。例 8-29 中先创建集合对象并添加元素，然后调用集合的 toArray()方法，将集合转换成数组，再循环遍历打印。

2. 数组转换为集合

数组也可以直接转换为集合，具体示例如下。

【例 8-30】　数组转换为集合实例。

```
import java.util.*;
public class ArrayToListDemo {
    public static void main(String[] args) {
        //创建数组
        String s[] = new String[] { "100", "300", "200" };
        List list = Arrays.asList(s);                //将数组转换为集合
        System.out.println(list);                    //打印集合
    }
}
```

从程序运行结果可以看出，先创建了数组并初始化，然后调用 Arrays 工具类的 asList (Object[] arr)静态方法，将数组转换为集合，最后打印集合中的所有元素。

本 章 小 结

本章详细介绍了几种 Java 常用集合类，从 Collection、Map 接口开始讲起，重点介绍了 List 集合、Set 集合、Map 集合的特点和使用方法，以及使用时需要注意的问题，最后还介绍了泛型、工具类和集合的转换。通过本章的学习，读者需要熟练掌握各种集合类的特点和使用细节。

习　题

一、选择题

1. 在 Java 中，(　　)对象可以使用键-值对的形式保存数据。

　　A. ArrayList　　　　　B. HashSet　　　　　C. LinkedList　　　　D. HashMap

2. 使用 Iterator 时，判断是否存在下一个元素可以使用(　　)方法。

　　A. next()　　　　　　B. hash()　　　　　C. hasPrevious()　　　D. hasNext()

3. 要想在集合中保存没有重复的元素并且按照一定的顺序排列，可以使用(　　)集合。

　　A. LinkedList　　　　B. ArrayList　　　　　C. hashSet　　　　　D. TreeSet

4. 下面(　　)是已排序的。

　　A. TreeMap　　　　　　　　　　　B. HashMap

　　C. WeakHashMap　　　　　　　　D. LinkedHashMap

二、填空题

1. _____集合中元素是有序的且可重复的。

2. _____集合中元素是无序的、不可重复的，它也是集成自 Collection 接口，但它没有对 Collection 接口的方法进行扩充。

3. List 集合的主要实现类有_____和_____，Set 集合的主要实现类有_____和_____，Map 集合的主要实现类有_____和_____。

CHAPTER 第 9 章

I/O 流

本章学习重点：

- 掌握字节流和字符流读写文件的操作。
- 掌握如何使用 File 类访问文件。

大多数应用程序都需要实现数据传输，例如从键盘上可以输入数据，显示器可以显示内容。在 Java 语言中，将这种通过不同输入输出设备之间的数据传输抽象表述为"流"，程序允许通过流的方式与输入输出设备进行数据传输。本章将对 I/O 流进行讲解。

9.1 I/O 流概述

I/O(Input/Output)流，即输入输出流，是 Java 中实现输入输出的继承，它可以方便地实现数据的输入输出操作。

Java 中的"流"都位于 java.io 包中，按照操作数据的不同，可以分为字节流和字符流，按照数据传输方向的不同又可分为输入流和输出流，程序从输入流中读取数据，向输出流中写入数据，如表 9-1 所示。

表 9-1 流的分类

I/O 流分类	字 节 流	字 符 流
输入流	InputStream	Reader
输出流	OutputStream	Writer

1. 字节流和字符流

根据流操作的数据单位的不同，可以分为字节流和字符流。字节流以字节为单位进行数据的读写，每次读写一个或多个字节数据；字符流以字符为单位进行数据的读写，每次读写一个或多个字符数据。

2. 输入流和输出流

根据流传输方向的不同，又可分为输入流和输出流。其中输入流只能从流中读取数据，而不能向其写入数据；输出流只能向流中写入数据，而不能从中读取数据。

从表中可以看出 I/O 流的大致分类，Java 的 I/O 流共涉及 40 多个类，实际上这些类非常规则，都是从这 4 个抽象基类派生的，由这 4 个类派生出来的子类名称都是以其父类名作为子类名后缀。接下来详细讲解这些流的使用。

9.2　字节流

在计算机中,无论是文本、图片、音频还是视频,所有的文件都是以二进制(字节)形式存

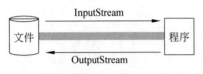

图 9-1　InputStream 和 OutputStream

在,I/O 流中针对字节的输入输出提供了一系列的流,统称为字节流。字节流是程序中最常用的流,根据数据的传输方向可将其分为字节输入流和字节输出流。在 JDK 中,提供了两个抽象类 InputStream 和 OutputStream,它们是字节流的顶级父类,所有的字节输入流继承自 InputStream,所有的字节输出流继承自 OutputStream。输入和输出的概念要有一个参照物,是站在程序的角度来理解这两个概念,如图 9-1 所示。

图 9-1 中,从程序到文件是输出流(OutputStream),将数据从程序输出到文件。从文件到程序是输入流(InputStream),通过程序,读取文件中的数据。这样就实现了数据的传输。

在 Java 中,提供了一系列用于操作文件读写的有关方法,接下来先了解 InputStream 类的方法,如表 9-2 所示。

表 9-2　InputStream 类的方法

方 法 声 明	功 能 描 述
int read()	从输入流读取一个 8 位的字节,把它转换为 0~255 的整数,并返回这一整数。当没有可用字节时,将返回-1
int read(byte[] b)	从输入流读取若干字节,把它们保存在参数 b 指定的字节数组中,返回的整数表示读取字节的数目
int read(byte[] b,int off, int len)	从输入流读取若干字节,把它们保存在参数 b 指定的字节数组中,off 指定字节数组开始保存数据的起始下标,len 表示读取的字节数目
void close()	关闭此输入流并释放与该流关联的所有系统资源

表 9-2 列出了 InputStream 类的方法,其中最常用的是重载的 read()方法和 close()方法,read()方法是从流中逐个读入字节,int read(byte[] b)方法和 int read(byte[] b, int off, int len)方法是将若干字节以字节数组形式一次性读入,提高读数据的效率。操作 I/O流时会占用宝贵的系统资源,当操作完成后,应该将 I/O 所占用系统资源释放,这时就需要调用 close()方法关闭流。

接下来介绍它所对应的 OutputStream 类的相关方法,如表 9-3 所示。

表 9-3　OutputStream 类的方法

方 法 声 明	功 能 描 述
void write(int b)	向输出流写入一个字节
void write (byte[] b)	把参数 b 指定的字节数组的所有字节写到输出流
void write (byte[] b,int off,int len)	将指定 byte 数组中从偏移量 off 开始的 len 个字节写入输出流

续表

方 法 声 明	功 能 描 述
void flush()	刷新此输出流并强制写出所有缓冲的输出字节
void close()	关闭此输出流并释放与该流关联的所有系统资源

表 9-3 中 3 个重载的 write()方法都是向输出流写入字节,其中 void write(int b)方法是逐个写入字节,void write(byte[] b) 方法和 void write(byte[] b, int off, int len) 方法是将若干个字节以字节数组的形式一次性写入,提高写数据的效率。flush()方法用于将当前流的缓冲区中数据强制写入目标文件,close()方法用来关闭此输出流并释放系统资源。

InputStream 和 OutputStream 两个类虽然提供了一系列和读写数据相关的方法,但这两个类是抽象类,不能被实例化,因此,针对不同的功能,InputStream 和 OutputStream 提供了不同的子类,这些子类形成了一个体系结构,如图 9-2 和图 9-3 所示。

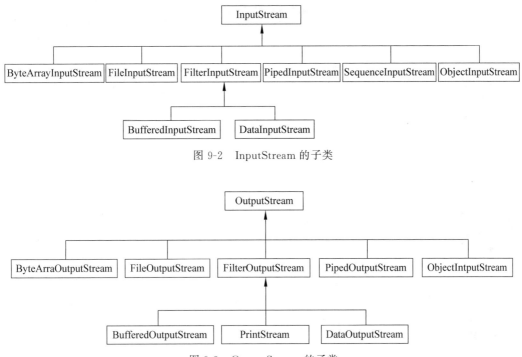

图 9-2　InputStream 的子类

图 9-3　OutputStream 的子类

从图 9-2 和图 9-3 中可以看出,InputStream 和 OutputStream 的子类有很多是大致对应的,如 FileInputStream 和 FileOutputStream 等。图中所列出的 I/O 流都是程序中最常见的,接下来讲解这些流的具体用法。

9.2.1　字节流读写文件

由于计算机中的数据基本都保存在硬盘的文件中,因此操作文件中的数据是一种很常见的操作。在操作文件时,最常见的就是从文件中读取数据并将数据写入文件。针对文件的读写,JDK 专门提供了两个类,分别是 FileInputStream 和 FileOutputStream,其中

FileInputStream 是 InputStream 的子类,它是操作文件的字节输入流,专门用于读取文件中的数据。

接下来通过一个案例来演示如何从文件中读取数据。首先在 D 盘下新建一个文本文件 in.txt,在文件中输入内容 HelloWorld 并保存。

【例 9-1】 FileInputStream 实例。

```java
import java.io. * ;
public class FileInputStreamDemo {
    public static void main(String[] args) {
        FileInputStream fis = null;
        try {
            fis = new FileInputStream("d:/in.txt");
            int n = 512;
            byte buffer[] = new byte[n];
            while ((fis.read(buffer, 0, n) !=-1) && (n >0)) {
                System.out.print(new String(buffer));
            }
        } catch (Exception e) {
            System.out.println(e);
        } finally {
            try {
                fis.close();
            } catch (IOException e) {
                e.printStackTrace();
            }
        }
    }
}
```

由于程序设定了读取的字节数为 512,程序在读取时,一次性读取 512 字节,运行结果中 HelloWorld 后会有很多空格。

需要注意的是,读取的文件一定是存在的,否则会报 FileNotFoundException。

与 FileInputStream 对应的是 FileOutputStream。FileOutputStream 是 OutputStream 的子类,它是操作文件的字节输出流,专门用于把数据写入文件。接下来通过一个案例来演示如何将数据写入文件。

【例 9-2】 FileOutputStream 实例 1。

```java
import java.io. * ;
public class TestFileOutputStreamDemo1 {
    public static void main(String[] args) throws IOException {
        System.out.print("输入要保存文件的内容:");
        int count, n = 512;
        byte buffer[] = new byte[n];
        count = System.in.read(buffer);
```

```
        //创建文件输出流对象
        FileOutputStream fos = new FileOutputStream("d:/out.txt");
        fos.write(buffer, 0, count);
        System.out.println("已保存到 out.txt!");
        fos.close();
    }
}
```

如果文件不存在,文件输出流会先创建文件,再将内容输出到文件中;如果文件存在,则先将之前的内容清除掉,然后再写入。如果想不清除文件内容,则使用类 FileOutputStream 的构造方法 FileOutputStream(String FileName,boolean append)来创建文件输出流对象,指定参数 append 为 true,具体示例如下。

【例 9-3】　FileOutputStream 实例 2。

```
import java.io.*;
public class FileOutputStreamDemo2 {
    public static void main(String[] args) throws Exception {
        System.out.print("输入要保存文件的内容:");
        int count, n = 512;
        byte buffer[] = new byte[n];
        count = System.in.read(buffer);
        FileOutputStream fos = new FileOutputStream("d:/out.txt", true);
        fos.write(buffer, 0, count);
        System.out.println("已保存到 out.txt!");
        fos.close();
    }
}
```

通过 FileOutputStream 类的构造方法指定参数 append 为 true,内容成功写入文件,并且没有清除之前的内容,将内容写入到文件末尾。

9.2.2　文件的拷贝

在应用程序中,I/O 流通常都是成对出现的,即输入流和输出流一起使用。例如文件的拷贝就需要通过输入流来读取文件中的数据,通过输出流将数据写入文件。接下来,通过一个案例来演示如何进行文件的拷贝。把在 in.txt 文件里面的内容复制到 out.txt,具体示例如下。

【例 9-4】　文件的拷贝。

```
import java.io.*;
public class FileCopyDemo {
    public static void main(String[] args) throws IOException {
        FileInputStream fis=new FileInputStream("d:/in.txt");
        FileOutputStream fos=new FileOutputStream("d:/out.txt");
```

```
        int c;
        while((c=fis.read())!=-1){
            fos.write(c);
        }
        fis.close();
        fos.close();
        System.out.println("成功");
    }
}
```

运行结果显示,文件成功从 in 文件夹拷贝到了 out 文件夹。

9.2.3　字节流的缓冲区

前面讲解了如何复制文件,但复制的方式是一个字节一个字节地复制,频繁操作文件,效率非常低,利用字节流的缓冲区可以解决这一问题,提高效率。缓冲区可以存放一些数据,例如,某出版社要从北京往天津运送教材,如果有 1000 本教材,每次只运送 1 本教材,就需要运输 1000 次,为了减少运输次数,可以先把一批教材装在车厢中,这样就可以成批地运送教材,这时的车厢就相当于一个临时缓冲区。当通过流的方式复制文件时,为了提高效率,也可以定义一个字节数组作为缓冲区,将多个字节读到缓冲区,然后一次性输出到文件,这样会大大提高效率。具体示例如下。

【例 9-5】　字节流缓冲区实例。

```
import java.io. * ;
public class FileCopyBufferDemo{
    public static void main(String[] args) throws Exception {
        FileInputStream fis = new FileInputStream("d:/in.txt ");
        FileOutputStream fos = new FileOutputStream("d:/in.txt");
        byte[] b = new byte[512];
        int len;
        long begin = System.currentTimeMillis();
        while ((len = fis.read(b)) !=-1) {
            fos.write(b, 0, len);
        }
        long end = System.currentTimeMillis();
        System.out.println("复制文件耗时;" +(end -begin) +"毫秒");
        fos.close();
        fis.close();
    }
}
```

与上例相比,赋值同样的文件,耗时大大降低了,说明应用缓冲区后,程序运行效率大大提高了,这是因为应用缓冲区后,操作文件的次数减少了,从而提高了读写效率。

9.2.4 字节缓冲流

在 I/O 包中提供两个带缓冲的字节流,分别是 BufferedInputStream 和 BufferdOutputStream。它们的构造方法中分别接收 InputStream 和 OutputStream 类型的参数作为被包装对象,在读写数据时提供缓冲功能。应用程序、缓冲流和底层字节流之间的关系如图 9-4 所示。

图 9-4 应用程序、缓冲流和底层字节流关系图

从关系图中可以看出,应用程序是通过缓冲流来完成数据读写的,而缓冲流又是通过底层被包装的字节流与设备进行关联的。下面通过一个实例来学习 BufferedInputStream 和 BufferdOutputStream。

【例 9-6】 字节缓冲流。

```
import java.io.*;
public class BufferedDemo {
    public static void main(String[] args) throws IOException {
        FileInputStream fis = new FileInputStream("d:/in.txt");
        FileOutputStream fos = new FileOutputStream("d:/out.txt");
        BufferedInputStream bis = new BufferedInputStream(fis);
        BufferedOutputStream bos = new BufferedOutputStream(fos);
        int len;
        while ((len = bis.read()) !=-1) {
            bos.write(len);
        }
        bos.close();
        bis.close();
    }
}
```

两个缓冲流内部定义了一个大小为 8192 的字节数组,当调用 read()方法或 write()方法操作数据时,首先将读写的数据存入定义好的字节数组,然后将数组中的数据一次性操作完成,和前面讲解的字节流缓冲区类似,都是对数据进行了缓冲减少操作次数,从而提高程序运行效率。

9.3 字符流

Java 还提供了字符流,用于操作字符。与字节流相似,字符流也有两个抽象基类,分别是 Reader 和 Writer,Reader 是字符输入流,用于从目标文件读取字符;Writer 是字符输出流,用于向目标文件写入字符。字符流由两个抽象基类衍生出很多子类,由子类来实现功能,先来了解一下它们的结构,如图 9-5 和图 9-6 所示。

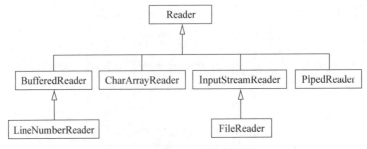

图 9-5　Reader 子类结构图

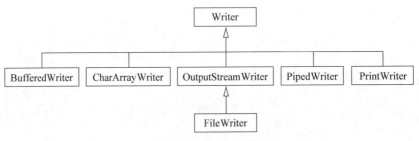

图 9-6　Writer 子类结构图

从图 9-5 和图 9-6 中可以看出,字符流的继承关系与字节流的继承关系有些类似,很多子类都是成对(输入流和输出流)出现的,其中 FileReader 和 FileWriter 用于读写文件,BufferedReader 和 BufferedWirter 是具有缓冲功能的流,使用它们可以提高读写效率。

9.3.1　字符流读写文件

在程序开发中,经常需要对文本文件的内容进行读取,如果想从文件中直接读取字符便可以使用字符输入流 FileReader,通过此流可以从关联的文件中读取一个或一组字符。下面通过一个实例来学习 FileReader 的使用。

在 D 盘新建一个文件 in.txt,输入"大家好"。

【例 9-7】　FileReader 实例。

```java
import java.io.*;
public class FileReaderDemo {
    public static void main(String[] args) throws Exception {
        File file = new File("d:/in.txt");
        FileReader fr = new FileReader(file);
        int len;
        while ((len = fr.read()) !=-1) {
            System.out.print((char) len);
        }
        fr.close();
    }
}
```

例 9-7 中首先声明一个文件字符输入流,然后在创建输入流实例时,将文件以参数传入,读取到文件后,用变量 len 记录读取的字符,然后循环输出。这里要注意 len 是 int 类型,所以输出时要强转类型,将 len 强转为 char 类型。

使用 FileReader 读取文件中的字符,则必须向文件中写入字符,就需要使用 FileWriter 类。FileWriter 是 Writer 的一个子类,专门用于将字符写入文件。接下来,通过一个案例来学习如何使用 FileWriter 将字符写入文件。

【例 9-8】　FileWriter 实例 1。

```java
import java.io.*;
public class TestFileWriter {
    public static void main(String[] args) throws IOException {
        File file = new File("d:/out.txt");
        FileWriter fw = new FileWriter(file);
        fw.write("hello");
        System.out.println("已保存到 read.txt!");
        fw.close();
    }
}
```

FileWriter 与 FileOutputStream 类似,如果指定的目标文件不存在,则先新建文件,再写入内容,如果文件存在,会先清空文件内容,然后写入新内容。如果想在文件内容的末尾追加内容,则需要调用构造方法 FileWriter(String FileName,boolean append)来创建文件输出流对象,将参数 append 指定为 true 即可。

【例 9-9】　FileWriter 实例 2。

```java
import java.io.*;
public class TestFileWriter {
    public static void main(String[] args) throws IOException {
        File file = new File("d:/out.txt");
        FileWriter fw = new FileWriter(file,true);
        fw.write("world");
        System.out.println("已保存到 read.txt!");
        fw.close();
    }
}
```

运行程序,输出流将字符追加到文件的末尾,原来的内容不会被清除。

9.3.2　字符流的缓冲区

例 9-8 和例 9-9 通过字符流的形式完成了对文件内容的读写操作,但也是一个一个字符来完成的,这样还是需要频繁的读写文件,效率较低,这里也可以使用字符流缓冲区进行读写操作,来提高执行的效率。

下面通过一个例题来学习如何使用字符流缓冲区实现文件的读写操作。

【例 9-10】 字符流缓冲区实例。

```java
import java.io.*;
public class FileWriterAndFileReader {
    public static void main(String[] args) throws IOException {
        FileReader fr=new FileReader("d:/in.txt");
        FileWriter fw = new FileWriter("d:/out.txt");
        int len=0;
        char buff[]=new char[1024];
        while((len=fr.read(buff))!=-1){
            fw.write(buff,0,len);
        }
        fr.close();
        fw.close();
    }
}
```

例 9-10 使用字符缓冲区实现了文本文件 read.txt 的复制,操作和复制字节流缓冲区实现文件类似,只是创建的缓冲区不一样,这里使用字符数组创建了一个字符缓冲区。

9.3.3 字符缓冲流

在字节流中提供了带缓冲区功能的字节缓冲流,同样,字符流中也提供了带缓冲区的流,分别是 BufferedReader 类和 BufferedWriter 类,其中 BufferedReader 类用于对字符输入流进行包装,BufferedWriter 类用于对字符输出流进行包装,包装后会提高字符流的读写效率。

接下来通过一个案例来演示如何在复制文件时应用字符流缓冲区。

【例 9-11】 字符缓冲流实例。

```java
import java.io.*;
public class CopyBufferedDemo {
    public static void main(String[] args) throws IOException {
        FileReader fr = new FileReader("d:/in.txt");
        FileWriter fw = new FileWriter("d:/out.txt");
        BufferedReader br = new BufferedReader(fr);
        BufferedWriter bw = new BufferedWriter(fw);
        String str;
        while ((str = br.readLine()) !=null) {
            bw.write(str);
            bw.newLine();
        }
        bw.close();
        br.close();
    }
}
```

例 9-11 中每次循环都用 readLine()方法读取一行字符,然后通过 write()方法写入目标文件。循环中调用了 BufferedWriter 的 write()方法写字符时,这些字符首先会被写入缓冲区,当缓冲区写满时或调用 close()方法时,缓冲区中字符才会被写入目标文件,因此在循环结束后一定要调用 close()方法,否则可能会出现部分数据未写入目标文件。

9.3.4　转换流

前面分别讲解了字节流和字符流,有时字节流和字符流之间也需要进行转换,在 JDK 中提供了可以将字节流转换为字符流的两个类,分别是 InputStreamReader 类和 OutputStreamWriter 类,它们被称为转换流,其中 OutputStreamWriter 类可以将一个字节输出流转换成字符输出流,而 InputStreamReade 类可以将一个字节输入流转换成字符输入流,转换流的出现方便了对文件的读写,它在字符流与字节流之间架起了一座桥梁,使原本没有关联的两种流操作能够进行转化,提高了程序的灵活性。通过转换流进行读写数据的过程如图 9-7 所示。

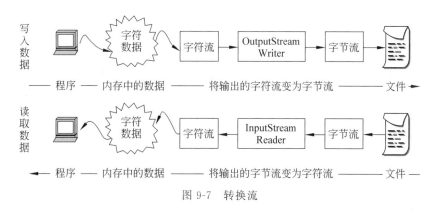

图 9-7　转换流

图 9-7 中程序向文件写入数据时,将输出的字符流变为字节流,程序从文件读取数据时,将输入的字节流变为字符流,提高了读写效率。接下来通过一个案例来演示转换流的使用。

【例 9-12】　转换流实例。

```java
import java.io.*;
public class ConvertDemo {
    public static void main(String[] args) throws Exception {
        FileInputStream fis = new FileInputStream("d:/in.txt");
        InputStreamReader isr = new InputStreamReader(fis);
        FileOutputStream fos = new FileOutputStream("d:/out.txt");
        OutputStreamWriter osw = new OutputStreamWriter(fos);
        int str;
        while ((str = isr.read()) !=-1) {
            osw.write(str);
        }
        osw.close();
```

```
            isr.close();
        }
    }
```

例中实现了字节流与字符流之间的转换,将字节流转换为字符流,从而实现直接对字符的读写。这里要注意,如果用字符流取操作非文本文件,例如操作视频文件,可能会造成部分数据丢失。

9.4 File 类

通过 I/O 流可以对文件的内容进行读写操作,但对文件本身进行的一些常规操作是无法通过 I/O 流来实现的,例如创建一个文件、删除或者重命名某个文件、判断硬盘上某个文件是否存在等。针对文件的这类操作,JDK 中提供了一个 File 类,该类封装了一个路径,并提供了一系列的方法用于操作该路径所指向的文件,本节将对 File 类进行讲解。

1. File 类的常用方法

使用 File 类进行操作,首先要设置一个操作文件的路径,File 类有 3 个构造方法可以用来生成 File 对象并且设置操作文件的路径,如表 9-4 所示。

表 9-4　File 类构造方法

方 法 声 明	功 能 描 述
File(String directoryPath)	通过指定的一个字符串类型的文件路径来创建一个新的 File 对象
File(String directoryPath, String filename)	根据指定的一个字符串类型的父路径和一个字符串类型的子路径(包括文件名称)创建一个 File 对象
File(File dir, String filename)	根据指定的 File 类的父路径和字符串类型的子路径(包括文件名称)创建一个 File 对象

File 类中还提供了一系列方法,用于操作其内部封装的路径指向的文件或者目录,录入判断文件或目录是否存在、创建和删除文件等。表 9-5 列举了 File 类中的常用方法。

表 9-5　File 类常用方法

方 法 声 明	功 能 描 述
public String getName()	返回文件名
public String getPath()	返回文件路径
public String getAbsolutePath()	返回文件绝对路径
public String getParent()	返回文件的父目录
public boolean exists()	判断文件是否存在
public boolean canWrite()	判断文件是否可写
public boolean canRead()	判断文件是否可读
public boolean isFile()	判断对象是否是文件
public boolean isDirectory()	判断对象是否是目录

续表

方 法 声 明	功 能 描 述
public native boolean isAbsolute( )	如果文件名为绝对名,则返回真
public long lastModified( )	返回文件最后修改时间
public long length( )	返回文件长度
public boolean mkdir( )	创建目录
public boolean renameTo(File dest)	重命名文件
public boolean mkdirs( )	创建目录及子目录
public String[ ] list( )	列出目录下的所有文件和目录
public String[ ] list(FilenameFilter filter)	列出目录下的指定文件
public boolean delete( )	删除文件对象
public int hashCode( )	为文件创建散列代码
public boolean equals(Object obj)	判断是否同对象 obj 相等
public String toString( )	返回文件对象的字符串描述

接下来通过一个实例来演示一些方法的使用,首先在 d 盘下创建一个名为 file.txt 的文件,然后编写代码,具体示例如下。

【例 9-13】 File 类实例。

```java
import java.io.*;
import java.text.SimpleDateFormat;
import java.util.*;
public class FileDemo {
    public static void main(String[] args) {
        File file = new File("d:/file.txt");
        System.out.println(file.exists() ? "文件存在" : "文件不存在");
        System.out.println(file.canRead() ? "文件可读" : "文件不可读");
        System.out.println(file.isDirectory() ? "是" : "不是" + "目录");
        System.out.println(file.isFile() ? "是文件" : "不是文件");
        System.out.println("文件最后修改时间:"
                +new SimpleDateFormat("yyyy-MM-dd").format(new Date(file
                    .lastModified())));
        System.out.println("文件长度:" +file.length() +"Bytes");
        System.out.println(file.isAbsolute() ? "是绝对路径" : "不是绝对路径");
        System.out.println("文件名:" +file.getName());
        System.out.println("文件路径:" +file.getPath());
        System.out.println("绝对路径:" +file.getAbsolutePath());
        System.out.println("父文件夹名:" +file.getParent());
    }
}
```

2. 遍历目录下的文件

在文件操作中,遍历某个目录下的文件是很常见的操作,File 类中提供的 list()方法就是用来遍历目录下所有文件的,具体示例如下。

【例 9-14】 File 类遍历 1。

```
import java.io.*;
public class FileListDemo1 {
    public static void main(String[] args) {
        File file = new File("D:/java/test ");
        if (file.isDirectory()) {
            String[] fileNames = file.list();
            for (String fileName : fileNames) {
                System.out.println(fileName);      //打印文件名
            }
        }
    }
}
```

例 9-14 中,先创建 File 对象,指定 File 对象的目录,然后判断 file 目录是否存在,若存在,则调用 list()方法,以 String 数组的形式得到所有文件名,最后循环遍历数组内容并输出。

例 9-14 中遍历指定目录下的所有文件,如果目录下还有子目录就不能遍历到,这时就需要用到 File 类的 listFiles()方法。具体示例如下。

【例 9-15】 File 类遍历 2。

```
import java.io.*;
public class ListFilesDemo2 {
    public static void main(String[] args) {
        File file = new File("D:/java/test");
        files(file);
    }
    public static void files(File file) {
        File[] files = file.listFiles();
        for (File f : files) {
            if (f.isDirectory()) {
                files(f);
            }
            System.out.println(f.getAbsolutePath());
        }
    }
}
```

例 9-15 中,先创建 File 对象,遍历目录下所有文件后,循环判断遍历到的是否是目录,如果是目录,则再次调用方法本身,直到遍历到文件,这种方式叫作递归调用。

3. 文件过滤

前面讲解了如何遍历目录下的文件,调用 File 类的 list()方法成功遍历了目录下的文件,但有时候可能只需要遍历某些文件,如遍历目录下扩展名为 java 的文件,这就需要用到 File 类的 list(FilenameFilter filter)方法。下面通过一个实例演示如何遍历目录下.java 的文件。

【例 9-16】 遍历.java 的文件。

```java
import java.io.*;
public class FilterDemo {
    public static void main(String[] args) {
        File file=new File("d:/java/test");
        File[] list = file.listFiles(new NameFilter());
        for(File fil:list){
            System.out.println(fil);
        }
    }
}
class NameFilter  implements FileFilter{
    public boolean accept(File pathname){
        String name =pathname.getName();
        return name.endsWith(".java");
    }
}
```

4. 删除文件及目录

前面讲解了文件的遍历和过滤,文件的删除操作也是很常见的。下面通过一个实例来演示如何删除文件及目录。

【例 9-17】 删除文件实例。

```java
import java.io.*;
public class TestFileDelete {
    public static void main(String[] args) {
        File file = new File("D:/java/test ");
        deleteFiles(file);
    }
    public static void deleteFiles(File file) {
        if(file.exists()) {
            File[] files = file.listFiles();
            for(File f : files) {
                if(f.isDirectory()) {
                    deleteFiles(f);
                } else {
                    System.out.println("删除了文件:" +f.getName());
                    f.delete();
                }
```

```
        }
    }
    System.out.println("删除了目录:"+file.getName());
    file.delete();
  }
}
```

例 9-17 中首先创建了 File 对象,指定文件目录,在 deleteFiles(File file)方法中将 File 对象作为参数传入,然后遍历目录下所有文件,循环判断遍历到的是否是目录,如果是目录,则继续递归调用方法本身;如果是文件,则直接删除,删除文件完成后,将目录删除。

9.5 RandomAccessFile 类

除了 File 类之外,Java 还提供了 RandomAccessFile 类用于专门处理文件,它支持"随机访问"的方式,这里"随机"是指可以跳转到文件的任意位置处读写数据。使用 RandomAccessFile 类,程序可以直接跳到文件的任意地方读、写文件,既支持只访问文件的部分内容,又支持向已存在的文件追加内容。

RandomAccessFile 类在数据等长记录格式文件的随机(相对顺序而言)读取时有很大的优势,但该类仅限于操作文件,不能访问其他的 I/O 设备,如网络、内存影响等,接下来了解 RandomAccessFile 类的构造方法,如表 9-6 所示。

表 9-6   RandomAccessFile 的构造方法

方 法 声 明	功 能 描 述
RandomAccessFile(File file,String mode)	使用参数 file 指定被访问的文件,并使用 mode 来指定访问模式
RandomAccessFile(String name,String mode)	使用参数 name 指定被访问文件的路径,并使用 mode 来指定访问模式

表 9-6 中,RandomAccessFile 类的构造方法需要指定一个 mode 参数,该参数用于指定 RandomAccessFile 对象的访问模式,mode 的具体值及对应含义如表 9-7 所示。

表 9-7   mode 的值及意义

mode 值	含 义
"r"	以只读的方式打开
"rw"	以读、写方式打开,用一个 RandomAccessFile 对象就可以同时进行读、写两种操作
"rwd"	以读、写方式打开,并且要求对文件内容的更新要同步地写到底层存储设备
"rws"	与"rwd"基本相同,只是还可以更新文件的元数据

其中"r" 如果向文件写入内容,会报 IOException;"rw"支持文件读写,若文件不存在,则创建;"rws"与"rw"不同的是,还要对文件内容的每次更新都同步更新到潜在的存储设备中,这里的 s 表示同步(synchronous)的意思;"rwd"与"rw"不同的是,还要对文件内容的每

次更新都同步到潜在的设备中去,与"rws"不同的是,"rwd"仅将文件内容更新到存储设备中,不需要更新文件的元数据。

RandomAccessFile 对象包含一个记录指针,用以标识当前读写的位置,它可以自由移动记录指针,RandomAccessFile 对象操作指针的方法如表 9-8 所示。

表 9-8　RandomAccessFile 对象操作指针的方法

方 法 声 明	功 能 描 述
long getFilePointer()	返回当前读写指针所处的位置
void seek(long pos)	设定读写指针的位置,与文件开头相隔 pos 个字节数
int skipBytes(int i)	使读写指针从当前位置开始,跳过 i 个字节
void setLength(long newLength)	设置文件长度

接下来通过一个实例来演示上面方法的使用。

【例 9-18】　RandomAccessFile 实例。

```java
import java.io.*;
public class RandomAccessFileDemo {
    public static void main(String[] args) throws Exception {
        RandomAccessFile raf = new RandomAccessFile(
                "D:/java/test.txt", "rw");
        for (int i = 0; i < 10; i++) {
            raf.writeLong(i * 1000);
        }
        raf.seek(2 * 8);
        raf.writeLong(666);
        raf.seek(0);
        for (int i = 0; i < 10; i++) {
            System.out.println("第" + i + "个值:" + raf.readLong());
        }
        raf.close();
    }
}
```

例 9-18 中,先按 rw 方式打开文件,若文件不存在,则创建文件,写入了 10 个 long 型数据,每个 long 型数据占 8 字节,然后用 seek(2 * 8)方法使读写指针从文件开头开始,跳过第 2 个数据,接下来通过 writeLong(666)方法将原来的第 6 个数据覆盖为 666,调用 seek(0)将读写指针定位到文件开头,读取文件中所有 long 型数据。

本 章 小 结

本章主要介绍了 Java 输入、输出的相关知识。首先讲解了如何使用字节流来读写文件,然后又讲解了如何使用字符流来读写文件,最后讲解了如何用 File 类封装文件对文件的属性进行读取。通过本章的学习,读者应该熟练掌握如何使用 I/O 流对文件进行读写。

习　　题

一、选择题

1. 下列 InputStream 类中(　　)方法可以用于关闭流。

　　A. skip() 　　　　　　B. close() 　　　　　　C. mark() 　　　　　　D. reset()

2. 下面(　　)流属于面向字符的输入流。

　　A. BufferedWriter 　　　　　　　　　　B. FileInputStream

　　C. ObjectInputStream 　　　　　　　　D. InputStreamReader

3. Java I/O 操作中,下面描述正确的是(　　)。

　　A. OutputStream 用于写操作 　　　　　B. InputStream 用于写操作

　　C. 只有字节流可以进行读操作 　　　　　D. I/O 库不支持对文件可读可写 API

4. 构造 BufferedInputStream 的合适参数是(　　)。

　　A. InputStream 　　　　　　　　　　　B. BufferedOutputStream

　　C. FileInputStream 　　　　　　　　　D. FileOutputStream

二、填空题

1. 所有的字节输入流类都是 _____ 抽象类的子类,所有的字节输出流类都是 _____ 抽象类的子类。

2. java.io 包中定义了多个流类型来实现输入和输出功能,可以从不同的角度对其进行分类,按处理数据单位可分为 _____ 和 _____。

3. _____ 类封装了对文件(目录)进行操作的功能和方法,如文件的复制、删除、重命名和获取文件属性等操作。

三、操作题

1. 利用字节流和字符流操作分别完成文件的复制。

2. 利用 File 类遍历指定目录下的所有文件。

CHAPTER 第 **10** 章

GUI(图形用户界面)

本章学习重点：

- 掌握 Swing 容器。
- 掌握 Swing 常用组件的使用。
- 掌握布局管理器。
- 掌握组件的事件监听机制。

GUI 全称是 Graphical User Interface，即图形用户界面，在一个系统中，拥有良好的人机界面无外乎是最重要的，Windows 以其良好的人机操作界面在操作系统中占有着绝对的统治地位，用户体验逐渐成为关注的重点，目前几乎所有的程序设计语言都提供了 GUI 设计功能。Java 提供了丰富的类库用于 GUI 设计，这些类分别位于 java.awt 包和 javax.swing 包中，简称为 AWT 和 Swing。

AWT 是 SUN 公司提供的用于图形界面编程(GUI)的类库。基本的 AWT 库处理用户界面元素时，是把这些元素的创建和行为委托给每个目标平台上(Windows、UNIX 等)的本地 GUI 工具进行处理，实际上它所创建和使用的界面或按钮具有本地外观的感觉，没有做到完全的跨平台。

Swing 是在 AWT 基础上发展而来的轻量级组件，与 AWT 相比不但改进了用户界面，而且所需系统资源更少，Swing 是纯 Java 组件，完全实现了跨平台，Swing 会用到 AWT 中的许多知识。

10.1 Swing 概述

Swing 是一种轻量级组件，它由 Java 语言开发，同时底层以 AWT 为基础，使跨平台应用程序可以使用任何可插拔的外观风格，并且 Swing 可以通过简洁的代码、灵活的功能和模块化组件来创建友好的界面。所以同 AWT 相比，在实际开发中，更多的是使用 Swing 进行图形用户界面开发。需要注意的是，Swing 并不是 AWT 的替代品，而是在原有的 AWT 的基础上进行了补充和改进。

Swing 组件为实现图形用户界面提供了很多基础类库，多数位于 java.awt、javax.swing 包及其子包中，在这些包下提供了实现图形用户界面的主要类。其中在 java.awt 包及其子包下的一些类属于原有 AWT 组件的底层实现，而在 javax.swing 包及其子包下的一些类则属于 Swing 后期扩展的，这也从侧面反映出 Swing 组件对 AWT 组件的依赖性，接下来通过一张图来描述 Swing 组件的主要类,如图 10-1 所示。

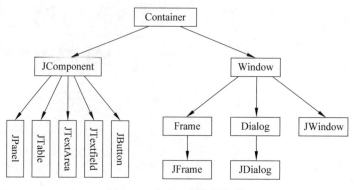

图 10-1　Swing 组件结构图

从图 10-1 中可以清晰地看到 Swing 的体系结构,它的组件大多数与 AWT 命名相似,只是名字前加了一个 J,JFrame、JDialog 和 JWindow 都是 Window 的子类,其中 JWindow 很少使用。接下来详细讲解 Swing 的各个组件。

10.2　Swing 容器

Swing 是在 AWT 的基础上发展而来的轻量级组件,与 AWT 相比,Swing 不但改进了用户界面,而且所需系统资源更少。Swing 是纯 Java 组件,完全实现了跨平台。

10.2.1　JFrame 框架

JFrame 窗体是一个容器,它是 Swing 程序中各个组件的载体,可以将 JFrame 看作是承载这些 Swing 组件的容器。可以通过继承 JFrame 类创建一个窗体,在这个窗体中添加组件,同时为组件设置事件。由于该窗体继承了 Frame 类,所以它拥有一些最大化、最小化、关闭按钮。

JFrame 窗体与 Frame 窗体有所不同,Frame 窗体需要注册监听事件实现窗体关闭功能,JFrame 只需调用 setDefaultCloseOperation(int operation)方法,Java 提供了几种可设置的常量用于关闭窗体,封装在 javax.swing.WindowConstants 中,如表 10-1 所示。

表 10-1　WindowConstants 接口的常量

常　　量	含　　义
DO_NOTHING_ON_CLOSE	无操作的默认窗体关闭操作
DISPOSE_ON_CLOSE	移除窗体的默认窗体关闭操作
HIDE_ON_CLOSE	隐藏窗体的默认窗体关闭操作
EXIT_ON_CLOSE	退出应用程序的默认关闭窗体操作

接下来用一个案例演示 JFrame 的使用,具体示例如下。

【例 10-1】　JFrame 实例。

```
import java.awt.*;
import javax.swing.*;
public class JFrameDemo {
    public static void main(String[] args) {
        JFrame frame=new JFrame("JFrame 窗体");
        JButton button = new JButton("按钮");
        frame.add(button);
        frame.setLayout(new FlowLayout());
        frame.setSize(300, 200);
        frame.setLocationRelativeTo(null);
        frame.setDefaultCloseOperation(JFrame.EXIT_ON_CLOSE);
        frame.setVisible(true);
    }
}
```

程序运行结果弹出了 JFrame 窗体。首先创建了 JFrame 窗体，然后创建了一个按钮并添加到窗体中，设置了窗体的布局管理器为流式布局管理器，设置窗体关闭的方式，最后设置窗体可见性。

10.2.2　JDialog

JDialog 是 Swing 组件中的对话框，它继承了 AWT 组件中的 Dialog 类，其功能是从一个窗体中弹出另一个窗体，JDialog 窗体与 JFrame 窗体类似，实质上是另一种类型的窗体，JDialog 类常用的构造方法如表 10-2 所示。

表 10-2　JDialog 的构造方法

构 造 方 法	功 能 描 述
public JDialog()	创建一个没有标题和父窗体的对话框
public JDialog(Frame f)	创建一个指定父窗体无标题的对话框
public JDialog(Frame f,String title)	创建一个指定父窗体有标题的对话框
public JDialog(Frame f,Boolean model)	创建一个指定父窗体无标题且指定类型的对话框

接下来通过一个实例来演示 JDialog 的用法。

【例 10-2】　JDialog 实例。

```
import java.awt.*;
import java.awt.event.*;
import javax.swing.*;
public class JDialogDemo {
    public static void main(String[] args) {
        JFrame frame=new JFrame("JFrame 窗体");
        JButton button1 = new JButton("按钮 1");
```

```
        JButton button2 = new JButton("按钮 2");
        frame.setLayout(new FlowLayout());
        frame.add(button1);
        frame.add(button2);
        final JLabel jLabel = new JLabel();
        final JDialog jd = new JDialog(jf, "JDialog 窗口");
        jd.setSize(200, 150);
        jd.setLocation(50, 60);
        jd.setLayout(new FlowLayout());
        button1.addActionListener(new ActionListener() {
            public void actionPerformed(ActionEvent e) {
                jd.setModal(true);
                if (jd.getComponents().length ==1) {
                    jd.add(jLabel);
                }
                jLabel.setText("JDialog 窗口 1");
                jd.setVisible(true);
            }
        });
        button2.addActionListener(new ActionListener() {
            public void actionPerformed(ActionEvent e) {
                jd.setModal(false);
                if (jd.getComponents().length ==1) {
                    jd.add(jLabel);
                }
                jLabel.setText("JDialog 窗口 2");
                jd.setVisible(true);
            }
        });
        frame.setDefaultCloseOperation(JFrame.EXIT_ON_CLOSE);
        frame.setSize(300, 250);
        frame.setVisible(true);

    }
}
```

程序运行弹出了 JFrame 窗口,窗口内有两个按钮,单击两个按钮,弹出对应的对话框。程序中分别为两个按钮添加了监听事件,单击按钮触发事件,弹出对应窗口,此时不能操作 JFrame 窗体,要先将弹出的 JDialog 对话框关闭后才可以操作。

10.3　Swing 常用组件

10.2 节讲解了 Swing 中的容器,接下来还需要学习 Swing 中的组件,这样才能实现完整的 GUI 程序,本节详细讲解 Swing 开发中的常用组件。

10.3.1 面板组件

Swing 中不仅有 JFrame 和 JDialog 这样的顶级窗口,还提供了一些中间容器,这些容器不能单独存在,只能放置在顶级窗口中,其中常用的两种分别为 JPanel 和 JScrollPane,接下来分别介绍这两种容器。

1. JPanel

JPanel 面板组件是一个无边框,不能被移动、放大、缩小或者关闭的面板,它的默认布局管理器是 FlowLayout,JPanel 类的构造方法如表 10-3 所示。

表 10-3 JPanel 类的构造方法

构 造 方 法	功 能 描 述
public JPanel()	创建具有双缓冲和流式布局的新 JPanel
public JPanel(Boolean isDoubleBuffered)	创建具有 FlowLayout 和指定缓冲策略的新 JPanel
public JPanel(LayoutManager layout)	创建具有指定布局管理器的新缓冲 JPanel
public JPanel(LayoutManager layout,Boolean isDoubleBuffered)	创建具有指定布局管理器和缓冲策略的新 JPanel

下面通过案例来讲解 JPanel 的使用。

【例 10-3】 JPanel 实例。

```java
import java.awt.*;
import javax.swing.*;
public class JPanelDemo {
    public static void main(String[] args) {
        JFrame jf = new JFrame("JFrame 窗口");          //创建 JFrame 窗体
        jf.setLayout(new GridLayout(2, 2, 10, 10)); //设置布局
        JPanel jp1 = new JPanel();
        JPanel jp2 = new JPanel();
        JPanel jp3 = new JPanel();
        JPanel jp4 = new JPanel();
        jp1.add(new JButton("按钮 1"));                //添加按钮
        jp2.add(new JButton("按钮 2"));
        jp3.add(new JButton("按钮 3"));
        jp4.add(new JButton("按钮 4"));
        jf.add(jp1);                                  //将 JPanel 添加进 JFrame 窗体
        jf.add(jp2);
        jf.add(jp3);
        jf.add(jp4);
        jf.setSize(200, 150);
        //设置窗体关闭方式
        jf.setDefaultCloseOperation(JFrame.EXIT_ON_CLOSE);
        jf.setVisible(true);
    }
}
```

程序运行后,先创建了 JFrame 窗体,然后设置布局,创建了 4 个中间容器 JPanel,将 4 个按钮添加进 4 个 JPanel,最后将 4 个中间容器添加进 JFrame 窗体。

2. JScrollPane

在设置界面时,可能会遇到一个较小的容器窗体中显示较多内容的情况,这时可以使用 JScrollPane 面板,JScrollPane 是一个带滚动条的面板容器,但是 JScrollPane 只能放置一个组件,并且不能使用布局管理器,如果需要在其中放置多个组件,需要将多个组件放置在 JPanel 面板容器上,然后将 JPanel 面板作为一个整体组件添加到 JScrollPane 面板中。 JScrollPane 类的构造方法如表 10-4 所示。

表 10-4　JScrollPane 类的构造方法

构 造 方 法	功 能 描 述
public JScrollPane()	创建一个空的 JScrollPane,需要时水平和垂直滚动条都可显示
public JScrollPane(Component view)	创建一个显示指定组件内容的 JScrollPane,只要组件的内容超过视图大小就会显示水平和垂直滚动条
public JScrollPane(Component viewmint vsbPolicy,int hsbPolicy)	创建一个 JScrollPane,将视图组件显示在一个窗口中,视图位置可使用一对滚动条调整
public JScrollPane(int vsbPolicy,int hsbPolicy)	创建一个具有指定滚动条策略的空 JScrollPane

下面通过实例来演示 JScrollPane 的使用。

【例 10-4】　JScrollPane 实例。

```java
import javax.swing.*;
public class JScrollPaneDemo {
    public static void main(String[] args) {
        JFrame frame = new JFrame("JFrame 窗口");
        //创建文本区域组件
        JTextArea jta = new JTextArea(20, 40);
        jta.setText("带滚动条");
        JScrollPane jsp = new JScrollPane(jta);
        frame.add(jsp);
        frame.setLocationRelativeTo(null);
        frame.setSize(200, 150);
        //设置窗体关闭方式
        frame.setDefaultCloseOperation(JFrame.EXIT_ON_CLOSE);
        frame.setVisible(true);
    }
}
```

例 10-4 先创建了 JFrame 窗体,然后创建 JTextArea 文本域组件并设置文字,创建一个 JScrollPane 面板容器,将文本域组件添加进面板容器,最后将 JScrollPane 面板添加到 JFrame 窗体中。

10.3.2　文本组件

文本组件用于接收用户输入的信息或向用户展示信息,其中包括文本框(JTextField)、密码框(JPasswordField)和文本域(JTextArea),它们都有一个共同的父类 JTextComponent,JTextComponent 是一个抽象类,它提供了文本组件的常用的方法,如表 10-5 所示。

表 10-5　JTextComponent 常用方法

方　法　声　明	功　能　描　述
String String getText()	返回文本组件中所有的文本内容
String getSelectedText()	返回文本组件中选定的文本内容
void selectAll()	在文本组件中选中所有内容
void setEditable()	设置文本组件为可编辑或者不可编辑状态
void setText(String text)	设置文本组件的内容
void replaceSelection(String content)	用给定的内容替换当前选定的内容

这些组件在实际开发中应用广泛,接下来详细讲解这些组件。

1. 文本框

JTextField 称为文本框,它只能接受单行文本的输入,该类继承自 JTextComponent 类,JTextField 类的构造方法如表 10-6 所示。

表 10-6　JTextField 类构造方法

构　造　方　法	功　能　描　述
public JTextField()	创建一个空的文本框,初始字符串为 null
public JTextField(int columns)	创建一个具有指定列数的文本框,初始字符串为 null
public JTextField(String text)	创建一个显示指定初始字符串的文本框
public JTextField(String text,int column)	创建一个具有指定列数,并显示指定初始字符串的文本框

下面通过一个实例来演示 JTextField 的使用。

【例 10-5】 JTextField 实例。

```java
import java.awt.*;
import java.awt.event.*;
import javax.swing.*;
public class JTextFieldDemo {
    public static void main(String[] args) {
        JFrame frame = new JFrame("JFrame 窗体");
        final JTextField jtf = new JTextField("hello");
        frame.add(jtf);
        JButton button = new JButton("清空");
```

```
        frame.add(button);
        frame.setLayout(new FlowLayout());
        frame.setSize(200, 150);
        frame.setDefaultCloseOperation(JFrame.EXIT_ON_CLOSE);
        frame.setVisible(true);
    }
}
```

例 10-5 中首先创建了一个 JFrame 窗体,然后创建 JTextField 文本框对象并设置内容为 hello,将文本框添加到 JFrame 窗体中,最后创建一个按钮添加到 JFrame 中。

2. 密码框

密码框与文本框的定义和用法类似,唯一不同的就是密码框将用户输入的字符串以某种符号进行加密。密码框对象是通过 JPasswordField 类来创建,JPasswordField 类的构造方法与 JTextField 类的构造方法类似,它的构造方法如表 10-7 所示。

表 10-7   JPasswordField 类的构造方法

构 造 方 法	功 能 描 述
public JPasswordField()	构造一个新 JPasswordField,使其具有默认文档为 null 的开始文本字符串和为 0 的列宽度
public JPasswordField(Document doc, String text,int columns)	构造一个使用给定文本存储模式和给定列数的新 JPasswordField
public JPasswordField(int columns)	构造一个具有指定列数的、新的、空的 JPasswordField
public JPasswordField(String text)	构造一个利用指定文本初始化的、新的 JPasswordField
public JPasswordField(String text,int columns)	构造一个利用指定文本和列初始化的、新的 JPasswordField

下面通过一个实例来演示 JPasswordField 的使用。

【例 10-6】 JPasswordField 实例。

```
import java.awt.*;
import java.awt.event.*;
import javax.swing.*;
public class JPasswordFieldDemo {
    public static void main(String[] args) {
        JFrame frame = new JFrame("JFrame 窗体");
        final JPasswordField jpf = new JPasswordField(10);
        jpf.setEchoChar('*');
        frame.add(jpf);
        JButton jb = new JButton("清空");
        frame.add(jb);
        frame.setLocationRelativeTo(null);
        frame.setLayout(new FlowLayout());
        frame.setSize(200, 200);
```

```
        frame.setDefaultCloseOperation(JFrame.EXIT_ON_CLOSE);
        frame.setVisible(true);
    }
}
```

例 10-6 首先创建了一个 JFrame 窗体,然后创建 JPasswordField 密码框对象并设置回显字符为 * ,将密码框添加到 JFrame 窗体中,最后创建一个按钮添加到 JFrame 中。

3. 文本域

JTextArea 称为文本域,它能接受多行文本的输入,使用 JTextArea 构造方法创建对象时可以设定区域的行数、列数,下面介绍 JTextArea 的构造方法,如表 10-8 所示。

表 10-8　JTextArea 类的构造方法

构造方法	功能描述
public JTextArea()	创建一个空的文本域
public JTextArea(String text)	创建显示指定字符串的文本域
public JTextArea(int rows,int columns)	创建具有指定行和列的、空的文本域
public JTextArea(String text,int rows,int columns)	创建显示指定字符串并指定了行和列的文本域

下面通过一个实例来演示 JTextArea 的使用。

【例 10-7】　JTextArea 实例。

```
import java.awt.*;
import javax.swing.*;
public class JTextAreaDemo {
    public static void main(String[] args) {
        JFrame frame = new JFrame("JFrame 窗口");
        JTextArea jta = new JTextArea("JTextArea 文本域",5,5);
        jta.setSize(190, 200);
        jta.setLineWrap(true);
        frame.add(jta);
        frame.setLayout(new FlowLayout());
        frame.setLocationRelativeTo(null);
        frame.setSize(200, 200);
        frame.setDefaultCloseOperation(JFrame.EXIT_ON_CLOSE);
        frame.setVisible(true);
    }
}
```

例 10-7 首先创建了一个 JFrame 窗体,然后创建 JTextArea 文本域并设置内容为 "JTextArea 文本域"。

10.3.3　标签组件

在 Swing 组件中,除了有用与输入功能的文本组件外,还提供了仅供展示的标签组件,标签组件也是 Swing 中很常用的组件。Swing 中的标签组件主要用到的是 JLabel，JLabel 组件可以显示文本、图像。还可以设置标签内容的水平和垂直的对齐方式。下面介绍 JLabel 的构造方法，如表 10-9 所示。

表 10-9　JLabel 的构造方法

构 造 方 法	功 能 描 述
public JLabel()	创建无图像并且标题为空的 JLabel
public JLabel(Icon image)	创建具有指定图像的 JLabel 实例
public JLabel(Icon image，int horizontalAlignment)	创建具有指定图像和水平对齐方式的 JLabel 实例
public JLabel(String text)	创建具有指定文本的 JLabel 实例
public JLabel(String text，Icon icon，int horizontalAlignment)	创建具有指定文本、图像和水平对齐方式的 JLabel 实例
public JLabel(String text，int horizontalAlignment)	创建具有指定文本和水平对齐方式的 JLabel 实例

下面通过一个实例来演示 JLabel 的使用。

【例 10-8】　JLabel 实例。

```java
import java.awt.*;
import javax.swing.*;
public class JLabelDemo {
    public static void main(String[] args) {
        JFrame frame = new JFrame("JFrame 实例");
        JLabel jl = new JLabel("标签");
        frame.add(jl);
        frame.setLayout(new FlowLayout());
        frame.setLocationRelativeTo(null);
        frame.setSize(200, 150);
        frame.setDefaultCloseOperation(JFrame.EXIT_ON_CLOSE);
        frame.setVisible(true);
    }
}
```

程序运行结果首先创建了 JFrame 窗体，然后创建了一个标签并添加到窗体中，设置了窗体的流式布局管理器和窗体的大小，设置窗体关闭的方式，最后设置窗体可见性。

10.3.4　按钮组件

按钮组件在 Swing 中是较为常见的组件，它用于触发特定动作，其中包含 JButton 按钮、JRadioButton 按钮和 JCheckBox 按钮等，它们都继承自 AbstractButton 抽象类，这些组件在实际开发中应用广泛。

1. JButton 按钮

Swing 中的 JButton 按钮通常用于确定、保存、取消等操作，它的构造方法如表 10-10 所示。

表 10-10　JButton 类的构造方法

构 造 方 法	功 能 描 述
public JButton()	创建不带有设置文本或图标的按钮
public JButton(Action a)	创建一个按钮，其属性从所提供的 Action 中获取
public JButton(Icon icon)	创建一个带图标的按钮
public JButton(String text)	创建一个带文本的按钮
public JButton(String text,Icon icon)	创建一个带初始文本和图标的按钮

接下来通过一个实例来讲解 JButton 的使用。

【例 10-9】　JButton 实例。

```java
import java.awt.*;
import java.net.URL;
import javax.swing.*;
public class JButtonDemo {
    public static void main(String[] args) {
        JFrame frame = new JFrame("JFrame 窗体");
        JButton jb = new JButton("按钮");
        frame.add(jb);
        frame.setLayout(new FlowLayout());
        frame.setLocationRelativeTo(null);
        frame.setSize(300, 300);
        frame.setDefaultCloseOperation(JFrame.EXIT_ON_CLOSE);
        frame.setVisible(true);
    }
}
```

程序运行后先创建 JFrame 窗体，然后创建 JButton 按钮，把按钮添加到 JFrame 框架中，设置窗体的大小、关闭方式及可见性。

2. JRadioButton 按钮

JRadioButton 按钮被称为单选按钮组件，一般将多个单选按钮放置在按钮组中，使这些单选按钮表现出某种功能，当用户选中某个单选按钮后，按钮组中其他按钮将被自动取消。但是 JRadioButton 组件本身并不具有这种功能，因此想实现 JRadioButton 按钮之间的互斥，需要使用 ButtonGroup 类。ButtonGroup 是一个不可见的组件，不需要将其添加到容器中显示，只是在逻辑上表示一个单选按钮组。将多个 JRadioButton 按钮添加到同一个单选按钮组中就能实现 JRadioButton 按钮的单选功能。JRadioButton 类的构造方法如表 10-11 所示。

表 10-11　JRadioButton 类的构造方法

构 造 方 法	功 能 描 述
public JRadioButton()	创建一个没有文本信息、初始状态未被选中的单选框
public JRadioButton(String text)	创建一个带有文本信息、初始状态未被选中的单选框
public JRadioButton(String text，Boolean selected)	创建一个具有文本信息，并指定初始状态（选中/未选中）的单选框

接下来通过一个实例来讲解 JRadioButton 类的使用。

【例 10-10】　JRadioButton 类实例。

```
import java.awt.*;
import javax.swing.*;
public class JRadioButtonDemo {
    public static void main(String[] args) {
        JFrame frame = new JFrame("JFrame 窗体");
        JRadioButton jrb1 = new JRadioButton("one");
        JRadioButton jrb2 = new JRadioButton("two");
        JRadioButton jrb3 = new JRadioButton("three");
        ButtonGroup bg = new ButtonGroup();
        bg.add(jrb1);
        bg.add(jrb2);
        bg.add(jrb3);
        frame.add(jrb1);
        frame.add(jrb2);
        frame.add(jrb3);
        frame.setLayout(new FlowLayout());
        frame.setLocationRelativeTo(null);
        frame.setSize(200, 200);
        frame.setDefaultCloseOperation(JFrame.EXIT_ON_CLOSE);
        frame.setVisible(true);
    }
}
```

程序运行后，先创建 JFrame 窗体，然后创建 3 个单选按钮和按钮组，将单选按钮添加到按钮组中，按钮组的作用是将 3 个按钮集合在一起，最后需要把单选按钮都添加到 JFrame 窗体中。

3. JCheckBox 按钮

JCheckBox 按钮被称为复选框按钮组件，与单选按钮不同的是，复选框可以进行多选设置，每一个复选框都提供"选中"与"不选中"两种状态。复选框由 JCheckBox 类的对象表示，它同样继承于 AbstractButton 抽象类，JCheckBox 类的构造方法如表 10-12 所示。

表 10-12　JCheckBox 类的构造方法

构 造 方 法	功 能 描 述
public JCheckBox()	创建一个没有文本信息、初始状态未被选中的复选框
public JCheckBox(String text)	创建一个带有文本信息、初始状态未被选中的复选框
public JCheckBox(String text，Boolean selected)	创建一个具有文本信息，并指定初始状态(选中/未选中)的复选框

接下来通过一个实例来讲解 JCheckBox 类的使用。

【例 10-11】　JCheckBox 类实例。

```java
import java.awt.*;
import javax.swing.*;
public class JCheckBoxDemo {
    public static void main(String[] args) {
        JFrame frame = new JFrame("JFrame 窗体");
        frame.add(new JCheckBox("one"));
        frame.add(new JCheckBox("two"));
        frame.add(new JCheckBox("three"));
        frame.setLayout(new FlowLayout());
        frame.setLocationRelativeTo(null);
        frame.setSize(200, 150);
        frame.setDefaultCloseOperation(JFrame.EXIT_ON_CLOSE);
        frame.setVisible(true);
    }
}
```

程序运行后先创建了 JFrame 窗体,然后创建 3 个复选框并添加到 JFrame 窗体中,最后设置窗体的布局管理器和大小以及关闭方式。

10.3.5　下拉框组件

JComboBox 组件被称为下拉框或者组合框组件,它将所有选项叠加在一起,默认显示的是第一个添加的选项。当用户单击下拉框时,会出现下拉式的选项列表,用户可以从中选择其中一项并显示。

JComboBox 下拉框组件分为可编辑和不可编辑两种形式。对于不可编辑的下拉框,用户只能选择现有的选项列表。对于可编辑的下拉框,用户既可以选择现有的选项列表,也可以自己输入新的内容。需要注意的是,自己输入的内容只能作为当前显示,并不会添加到下拉框的选项列表中。下面列举 JComboBox 类的常用构造方法,如表 10-13 所示。

表 10-13 JComboBox 类的构造方法

构 造 方 法	功 能 描 述
public JComboBox()	创建一个没有可选项的下拉框
public JComboBox(Object[] items)	创建一个下拉框,将 Object 数组中的元素作为下拉框的下拉列表选项
public JComboBox(Vector items)	创建一个下拉框,将 Vector 集合中的元素作为下拉框的下拉列表选项

另外,JComboBox 类还有一些常用的方法,如表 10-14 所示。

表 10-14 JComboBox 类常用方法

方 法 声 明	功 能 描 述
void addItem(Object o)	为项列表添加项
void insertItemAt(Object o,int index)	在项列表中的给定索引处插入项
Object getSelectedItem()	返回当前所选项
void addItemListener(ItemListener aListener)	添加 ItemListener 监听事件

下面通过一个实例来演示 JComboBox 类的使用。

【例 10-12】 JComboBox 类实例。

```java
import java.awt.*;
import java.awt.event.*;
import javax.swing.*;
public class JComboBoxDemo implements ItemListener {
    JFrame frame = new JFrame("JFrame 窗体");
    JComboBox jcb;
    public Demo() {
        jcb = new JComboBox();
        jcb.addItem("one");
        jcb.addItem("two");
        jcb.addItem("three");
        jcb.addItemListener(this);
        frame.add(jcb);
        frame.setLayout(new FlowLayout());
        frame.setSize(200, 150);
        frame.setDefaultCloseOperation(JFrame.EXIT_ON_CLOSE);
        frame.setVisible(true);
    }
    public void itemStateChanged(ItemEvent e) {
        if (e.getStateChange() ==ItemEvent.SELECTED) {
            jcb.getSelectedItem();
        }
    }
}
```

```
    public static void main(String args[]) {
        new JComboBoxDemo();
    }
}
```

程序运行后，先创建 JFrame 窗体，将下列框及其选项添加进去，实现监听接口用于监听用户选择的选项，最后通过 main()方法运行程序。

10.3.6　菜单选项

在图形界面程序开发中，菜单是很常见的组件，利用 Swing 提供的菜单组件可以创建出多种样式的菜单，下面重点对下拉式菜单和弹出式菜单进行介绍。

1. 下拉式菜单

对于下列式菜单，大家一定很熟悉，因为计算机界面的很多文件菜单都是下拉式的。在 Swing 中，创建下拉式菜单需要使用 3 个组件：JMenuBar（菜单栏）、JMenu（菜单）和 JMenuItem（菜单项）。下面对这 3 个组件进行讲解。

（1）JMenuBar。JMenuBar 表示一个水平的菜单栏，它用来管理一组菜单，不参与同用户的交互式操作。菜单栏可以放在容器的任何位置，但通常情况下会使用顶级容器（如 JFrame 或 JDialog)的 setJMenuBar()方法将它放置在顶级容器的顶部。JMenuBar 有一个无参构造方法，创建菜单栏时，只需要使用 new 关键字创建 JMenuBar 对象即可。创建完菜单栏对象后，可以调用它的 add(JMenu c)方法为其添加 JMenu 菜单。

（2）JMenu。JMenu 表示一个菜单，它用来整合管理菜单项，菜单可以是单一层次的结构，也可以是多层次的结构。大多数情况下，会使用 JMenu（String text）构造方法创建 JMenu 菜单。表 10-15 列出了 JMenu 类的构造方法。

表 10-15　JMenu 类的构造方法

构 造 方 法	功 能 描 述
public JMenu()	创建没有文本的、新的 JMenu
public JMenu(Action a)	创建一个从提供的 Action 获取其属性的菜单
public JMenu(String s)	创建一个新 JMenu，用提供的字符串作为文本
public JMenu(String s,Boolean b)	创建一个新 JMenu，用提供的字符串作为其文本并指定其是否为分离式菜单

JMenu 中还有一些常用的方法，如表 10-16 所示。

表 10-16　JMenu 类常用方法

方 法 声 明	功 能 描 述
JMenuItem add(JMenuItem menuitem)	将菜单项添加到菜单末尾，返回此菜单项
void addSeparator()	将分隔符添加到菜单的末尾
JMenuItem getItem(int index)	返回指定索引处的菜单项，第一个菜单项的索引为 0

续表

方 法 声 明	功 能 描 述
int getItemCount()	返回菜单上的项数,菜单项和分隔符都计算在内
JMenuItem insert(JMenuItem menuItem,int index)	在指定索引处插入菜单项
void insertSeparator(int index)	在指定索引处插入分隔符
void remove(int index)	从菜单中移除指定索引处的菜单项
void remove(JMenuItem menuItem)	从菜单中移除指定的菜单项
void removeAll()	从菜单中移除所有的菜单项

（3）JMenuItem。JMenuItem 表示一个菜单项,它是菜单系统中最基本的组件。在创建 JMenuItem 菜单项时,通常会使用 JMenuItem(String text)这个构造方法为菜单项指定文本内容。

接下来通过一个实例来介绍下拉式菜单组件的基本使用。

【例 10-13】 下拉式菜单实例。

```java
import java.awt.*;
import java.awt.event.*;
import javax.swing.*;
public class TestJMenu {
    public static void main(String[] args) {
        final JFrame frame = new JFrame("JFrame 窗体");
        JMenuBar jmb = new JMenuBar();
        frame.setJMenuBar(jmb);
        JMenu jm = new JMenu("文件");
        jmb.add(jm);
        JMenuItem item1 = new JMenuItem("保存");
        JMenuItem item2 = new JMenuItem("退出");
        jm.add(item1);
        jm.addSeparator();
        jm.add(item2);
        frame.setLayout(new FlowLayout());
        frame.setLocationRelativeTo(null);
        frame.setSize(200, 200);
        frame.setDefaultCloseOperation(JFrame.EXIT_ON_CLOSE);
        frame.setVisible(true);
    }
}
```

运行程序后首先创建 JFrame 窗体,然后创建菜单栏、菜单、菜单项,调用 setJMenuBar 方法将菜单栏添加进窗体。

2. 弹出式菜单

前面讲解了下拉式菜单,还有一种菜单是弹出式菜单,如果要在 Java 中实现此菜单,可

以使用 JPopupMenu 菜单组件,JPopupMenu 弹出式菜单和下拉式菜单一样都是通过 add()
方法添加 JMenuItem 菜单项,但它默认是不可见的,如果要显示出来,则需调用它的 show
(Component invoker,int x,int y)方法。该方法中的参数 invoker 表示 JPopupMenu 菜单显
示位置的参数组件,x 和 y 表示 invoker 组件的坐标,显示的是 JPopupMenu 菜单的左上角
坐标。

先来了解 JPopupMenu 的构造方法,如表 10-17 所示。

表 10-17　JPopupMenu 类的构造方法

构 造 方 法	功 能 描 述
public JPopupMenu()	创建一个不带"调用者"的 JPopupMenu
public JPopupMenu(String text)	创建一个具有标题的 JPopupMenu

下面通过一个实例来演示弹出式菜单的使用。

【例 10-14】　JPopupMenu 类实例。

```java
import java.awt.*;
import java.awt.event.*;
import javax.swing.*;
public class JPopupMenuDemo {
    public static void main(String[] args) {
        final JFrame frame = new JFrame("JFrame 窗体");
        final JPopupMenu jpm = new JPopupMenu();
        JMenuItem item1 = new JMenuItem("保存");
        JMenuItem item2 = new JMenuItem("退出");
        item2.addActionListener(new ActionListener() {
            public void actionPerformed(ActionEvent e) {
                jf.dispose();
            }
        });
        jpm.add(item1);
        jpm.add(item2);
        frame.addMouseListener(new MouseAdapter() {
            public void mouseClicked(MouseEvent e) {
                if(e.getButton() ==e.BUTTON3) {
                    jpm.show(e.getComponent(), e.getX(), e.getY());
                }
            }
        });
        frame.setLayout(new FlowLayout());
        frame.setLocationRelativeTo(null);
        frame.setSize(200, 200);
        frame.setDefaultCloseOperation(JFrame.EXIT_ON_CLOSE);
```

```
        frame.setVisible(true);
    }
}
```

程序运行后首先创建 JFrame 框架,然后创建菜单、命令,在"退出"命令中添加事件监听,单击"退出"命令关闭窗体,最后为 JFrame 窗体添加鼠标单击事件监听器,实现右击鼠标弹出快捷菜单的效果。

10.3.7　创建 Tree

树也是图形化用户界面中使用非常广泛的 GUI 组件,例如打开 Windows 资源管理器时就会看到目录树,在 Swing 中使用 JTree 对象来代表一棵树,JTree 树中节点可以使用 TreePath 标识,该对象封装了当前节点及其所有的父节点。当一个节点具有子节点时,该节点具有展开和折叠两种状态。如果希望创建一棵树,可使用 JTree 类的构造方法,它的构造方法如表 10-18 所示。

表 10-18　JTree 类的构造方法

构 造 方 法	功 能 说 明
public JTree()	返回带有示例模型的 Tree
public JTree(Hashtable<?,?> value)	返回从 Hashtable 创建的 Tree,不显示根
public JTree(Object[] value)	返回 JTree,指定数组的每个元素作为不被显示的新根节点的子节点
public JTree(TreeModel newModel)	返回 JTree 的一个实例,它显示根节点
public JTree(TreeNode root)	返回 JTree,指定的 TreeNode 作为其根,它显示根节点
public JTree(TreeNode root,Boolean asksAllowsChildren)	返回 JTree,指定的 TreeNode 作为其根,它用指定的方式显示根节点,并确定节点是否为叶节点
public JTree(Vector<?> value)	返回 JTree,指定 Vector 的每个元素作为不被显示的新根节点的子节点

下面通过一个实例来演示 JTree 的使用。

【例 10-15】 JTree 类实例。

```
import javax.swing.*;
import javax.swing.tree.*;
public class TestJTree {
    public static void main(String[] args) {
        JFrame frame = new JFrame("JFrame 窗口");
        DefaultMutableTreeNode root = new DefaultMutableTreeNode("中国");
        DefaultMutableTreeNode bj = new DefaultMutableTreeNode("北京");
        DefaultMutableTreeNode hb = new DefaultMutableTreeNode("吉林");
        DefaultMutableTreeNode lf = new DefaultMutableTreeNode("长春");
        DefaultMutableTreeNode sjz = new DefaultMutableTreeNode("四平");
        hb.add(lf);
```

```
    hb.add(sjz);
    root.add(bj);
    root.add(hb);
    JTree tree = new JTree(root);
    frame.add(new JScrollPane(tree));
    frame.setLocationRelativeTo(null);
    frame.setSize(200, 150);
    frame.setDefaultCloseOperation(JFrame.EXIT_ON_CLOSE);
    frame.setVisible(true);
    }
}
```

程序运行后弹出 JFrame 窗体,在窗口中有个目录树,"中国"和"吉林"有子节点,可以展开或折叠,双击"吉林"节点,可以看到两个子节点。

10.4　布局管理器

组件在容器中的位置及尺寸是由布局管理来决定的,所有的容器都会引用一个布局管理器的实例,通过它来自动进行组件的布局管理。

一个容器被创建后,它们有相应的默认布局管理器。JWindow、JFrame 和 JDialog 的默认布局管理器是 BorderLayout,JPanel 和 JApplet 的默认布局管理器是 FlowLayout。在 java.awt 包中提供了 5 种布局管理器,分别是 FlowLayout（流式布局管理器）、BorderLayout（边界布局管理器）、GridLayout（网格布局管理器）、GridBagLayout（网格包布局管理器）和 CardLayout（卡片布局管理器）。接下来详细讲解这 5 种布局管理器。

10.4.1　流式布局管理器

FlowLayout（流式布局管理器）是最简单的布局管理器,在这种布局下,容器会将组件安装添加顺序从左到右放置,当达到容器的边界时,会自动将组件放在下一行的开始位置。这些组件可以按从左对齐、居中对齐或右对齐的方式排列。FlowLayout 类的 3 个构造方法及常量如表 10-19 所示。

表 10-19　FlowLayout 类构造方法和常量

构造方法及常量	功 能 描 述
public FlowLayout()	组件默认居中对齐,水平、垂直间距默认 5 个单位
public FlowLayout(int align)	指定组件相对于容器的对齐方式,水平、垂直间距默认 5 个单位
public FlowLayout(int align,ing hgap,int vgap)	指定组件的对齐方式和水平、垂直间距
public static final int CENTER	居中对齐
public static final int LEADING	与容器的开始端对齐方式一样
public static final int LEFT	左对齐

续表

构造方法及常量	功 能 描 述
public static final int RIGHT	右对齐
public static final int TRAILING	与容器的结束端对齐方式一样

参数 hgap 和参数 vgap 分别设定组件之间的水平和垂直间距,可以填入一个任意数值。接下来演示 FlowLayout 布局管理器的使用。

【例 10-16】 FlowLayout 布局管理器实例。

```java
import java.awt.*;
public class FlowLayoutDemo{
    public static void main(String[] args) {
        JFrame frame = new JFrame("Frame 窗体");
        frame.setLayout(new FlowLayout());
        JButton button = null;
        for (int i = 0; i < 8; i++) {
            button = new JButton("按钮 -" + i);
            frame.add(button);
        }
        frame.setSize(200, 150);
        frame.setLocation(500, 200);
        frame.setVisible(true);
    }
}
```

10.4.2　边界布局管理器

BorderLayout(边界布局管理器)将一个窗体的版面分成东、西、南、北、中 5 个区域,可以直接将需要的组件放到这 5 个区域中,BorderLayout 类的构造方法及常量如表 10-20 所示。

表 10-20　BorderLayout 类构造方法及常量

构造方法及常量	功 能 描 述
public BorderLayout()	创建一个没有间距的 BorderLayout 布局管理器
public BorderLayout(int hgap, int vgap)	创建一个有水平和垂直间距的 BorderLayout 布局管理器
public static final String EAST	将组件设置在东区域
public static final String SOUTH	将组件设置在南区域
public static final String WEST	将组件设置在西区域
public static final String NORTH	将组件设置在北区域
public static final String CENTER	将组件设置在中区域

接下来演示 BorderLayout 布局管理器的使用。

【例 10-17】　BorderLayout 布局管理器实例。

```java
import java.awt.*;
public class BorderLayoutDemo {
    public static void main(String[] args) {
        JFrame frame = new JFrame("Frame 窗口");
        frame.setLayout(new BorderLayout(10,10));
        frame.add(new Button("东部"),BorderLayout.EAST);
        frame.add(new Button("西部"),BorderLayout.WEST);
        frame.add(new Button("南部"),BorderLayout.SOUTH);
        frame.add(new Button("北部"),BorderLayout.NORTH);
        frame.add(new Button("中部"),BorderLayout.CENTER);
        frame.setSize(200, 150);
        frame.setLocation(500, 200);
        frame.setVisible(true);
    }
}
```

10.4.3　网格布局管理器

GridLayout（网格布局管理器）是以表格形式进行管理的，在使用此布局管理器时必须设置显示的行数和列数，GridLayout 类的构造方法如表 10-21 所示。

表 10-21　GridLayout 类构造方法

构 造 方 法	功 能 描 述
public GridLayout()	创建一个具有默认值的 GridLayout 布局管理器，即每个组件占一行一列
public GridLayout(int rows, int cols)	创建一个指定行和列数的 GridLayout 布局管理器
public GridLayout (int rows, int cols, int hgap, int vgap)	创建一个指定行和列数以及水平和垂直间距的 GridLayout 布局管理器

接下来演示 GridLayout 布局管理器的使用。

【例 10-18】　GridLayout 布局管理器实例。

```java
import java.awt.*;
public class GridLayoutDemo{
    public static void main(String[] args) {
        JFrame frame=new JFrame("Frame 窗体");
        frame.setLayout(new GridLayout(2,3,10,10));
        Button b = null;
        for (int i = 0; i <6; i++) {
            b = new Button("按钮 -" +i);
            f.add(b);
```

```
        }
        frame.setSize(200, 150);
        frame.setLocation(500, 200);
        frame.setVisible(true);
    }
}
```

10.4.4　网格包布局管理器

GridBagLayout(网格包布局管理器)是在 GridLayout 类基础上提供的更为复杂的布局管理器。与 GridLayout 布局管理器不同的是,GridBagLayout 类允许容器中各个组件的大小不相同,还允许单个组件所在的显示区域占多个网格。

使用 GridBagLayout 布局管理器的关键在于 GridBagConstraints 对象,在这个对象中设置相关属性,然后调用 GridBagLayout 对象的 setConstraints()方法建立对象和受控组件直接的关联,GridBagConstraints 类的常用属性如表 10-22 所示。

表 10-22　GridBagConstraints 类的常用属性

属　　性	功　能　描　述
gridx 和 gridy	设置组件的左上角所在网格的横向和纵向索引(即所在的行和列)
gridwidth 和 gridheight	设置组件横向、纵向跨越几个网格,两个属性的默认值是 1
fill	如果组件的显示区域大于组件需要的大小,设置是否以及如何改变组件大小
weightx 和 weighty	设置组件占领容器中多余的水平方向和垂直方向空白的比例

表 10-22 列举了 GridBagConstraints 类的常用属性,其中 gridx 和 gridy 的值如果设置为 RELATIVE,表示当前组件紧跟在上一个组件后面;gridwidth 和 gridheight 的值如果设为 REMAINER,则表示当前组件在其行或列上为最后一个组件,如果两个属性值都设为 RELATIVE,则表示当前组件在其行或列上为倒数第二个组件;weightx 和 weighty 的默认值是 0,如容器中有两个组件,weightx 分别为 2 和 1,当容器宽度增加 30 个像素时,两个容器分别增加 20 和 10 个像素;fill 属性可以接收 4 个属性值,具体示例如下。

NONE:默认,不改变组件大小。

HORIZONTAL:使组件水平方向足够长以填充显示区域,但是高度不变。

VERTICAL:使组件垂直方向足够高以填充显示区域,但长度不变。

BOTH:使组件足够大,以填充整个显示区域。

接下来演示 GridBagLayout 布局管理器的使用。

【例 10-19】　GridBagLayout 布局管理器实例。

```
import java.awt.*;
public class GridBagLayoutDemo{
    public static void main(String[] args) {
        JFrame frame = new JFrame("Frame 窗口");
        GridBagLayout gbl = new GridBagLayout();
```

```java
        frame.setLayout(gbl);
        GridBagConstraints gbc = new GridBagConstraints();
        gbc.fill = GridBagConstraints.BOTH;
        gbc.weightx = 2;
        gbc.weighty = 1;
        frame.add(addButton("按钮 1", gbl, gbc));
        frame.add(addButton("按钮 2", gbl, gbc));
        //设置添加组件是本行最后一个组件
        gbc.gridwidth = GridBagConstraints.REMAINDER;
        frame.add(addButton("按钮 3", gbl, gbc));
        gbc.weightx = 1;
        gbc.weighty = 1;
        frame.add(addButton("按钮 4", gbl, gbc));
        gbc.gridwidth = 2;
        frame.add(addButton("按钮 5", gbl, gbc));
        gbc.gridheight = 1;
        gbc.gridwidth = 1;
        frame.add(addButton("按钮 6", gbl, gbc));
        //设置添加组件是本行最后一个组件
        gbc.gridwidth = GridBagConstraints.REMAINDER;
        gbc.gridheight = 2;
        frame.add(addButton("按钮 7", gbl, gbc));
        frame.add(addButton("按钮 8", gbl, gbc));
        frame.setSize(200, 150);
        frame.setLocation(500, 200);
        frame.setVisible(true);
    }
    private static Component addButton(String name, GridBagLayout gbl,
            GridBagConstraints gbc) {
        Button butt = new Button(name);
        gbl.setConstraints(butt, gbc);
        return butt;
    }
}
```

10.4.5 CardLayout

CardLayout(卡片布局管理器)是将一些组件彼此重叠地进行布局,像一张张卡片叠放在一起一样,这样每次只会展现一个界面,CardLayout 类的构造方法及常量如表 10-23 所示。

表 10-23 CardLayout 类的构造方法及常量

构造方法及常量	功 能 描 述
public CardLayout()	创建一个各组件间距为 0 的 CardLayout 布局管理器
public CardLayout(int hgap, int vgap)	创建一个各组件指定水平和垂直间距的 CardLayout 布局管理器

构造方法及常量	功 能 描 述
void next(Container parent)	翻到下一张卡片
void previous(Container parent)	翻到上一张卡片
void first(Container parent)	翻到第一张卡片
void last(Container parent)	翻到最后一张卡片
void show(Container parent,String name)	显示具有指定组件名称的卡片

接下来演示 CardLayout 布局管理器的使用。

【例 10-20】 CardLayout 布局管理器实例。

```java
import java.awt.*;
import java.awt.event.*;
public class CardDemo {
    JFrame frame = new JFrame("Frame 窗口");
    String[] names = { "第一张", "第二张", "第三张", "第四张", "第五张" };
    Panel p1 = new Panel();
    public static void main(String[] args) {
        new CardDemo().init();
    }
    public void init() {
        final CardLayout cl = new CardLayout();
        p1.setLayout(cl);
        for (int i = 0; i < names.length; i++) {
            p1.add(names[i], new Button(names[i]));
        }
        Panel p = new Panel();
        ActionListener listener = new ActionListener() {
            public void actionPerformed(ActionEvent e) {
                switch (e.getActionCommand()) {
                case "上一张":
                    cl.previous(p1);
                    break;
                case "下一张":
                    cl.next(p1);
                    break;
                case "第一张":
                    cl.first(p1);
                    break;
                case "最后一张":
                    cl.last(p1);
                    break;
```

```
                        case "第二张":
                            cl.show(p1, "第二张");
                        }
                    }
                };
                Button previous = new Button("上一张");
                previous.addActionListener(listener);
                Button next = new Button("下一张");
                next.addActionListener(listener);
                Button first = new Button("第一张");
                first.addActionListener(listener);
                Button last = new Button("最后一张");
                last.addActionListener(listener);
                Button second = new Button("第二张");
                second.addActionListener(listener);
                p.add(previous);
                p.add(next);
                p.add(first);
                p.add(last);
                p.add(second);
                frame.add(p1);
                frame.add(p, BorderLayout.SOUTH);
                frame.setSize(300, 150);
                frame.setLocation(500, 200);
                frame.setVisible(true);
        }
    }
```

10.4.6　取消布局管理器

容器被创建后，都会有一个默认的布局管理器。例如 JWindow、JFrame 和 JDialog 的默认布局管理器是 BorderLayout，JPanel 和 JApplet 的默认布局管理器是 FlowLayout。如果不希望通过布局管理器来对容器进行布局，也可以调用容器的 setLayout(null)方法，将布局管理器取消。在这种情况下，程序必须调用容器中每个组件的 setSize()方法和setLocation()方法或者是 setBounds()方法，分别设置左上角 x、y 坐标和组件的长、宽。

下面通过一个实例来演示不使用布局管理器如何设置组件的位置。

【例 10-21】　不使用布局管理器实例。

```
import java.awt.*;
public class NullDemo{
    public static void main(String[] args) {
        JFrame frame = new JFrame("Frame 窗体");
        frame.setLayout(null);
        frame.setSize(400, 200);
```

```
        Button b1 = new Button("按钮 1");
        Button b2 = new Button("按钮 2");
        b1.setBounds(40, 60, 100, 30);
        b2.setBounds(160, 60, 100, 30);
        frame.add(b1);
        frame.add(b2);
        frame.setSize(300, 150);
        frame.setLocation(500, 200);
        frame.setVisible(true);
    }
}
```

10.5　事件处理

图形界面的操作通常是通过鼠标或键盘操作来实现的,用户程序只需编制代码,定义每个特定事件发生时程序做出何种响应即可。这些代码将在它们对应的事件发生时由系统自动调用,这就是图形用户界面程序设计事件和事件响应的基本原理。

10.5.1　事件处理机制

Swing 组件中的事件处理专门用于相应用户的操作,例如,相应用户的单击鼠标、按下键盘等操作。在 Swing 事件处理的过程中,主要涉及 3 类对象。

(1) 事件源(Event Source):事件发生的场所,通常就是产生事件的组件,例如窗口、按钮、菜单等。

(2) 事件对象(Event):封装了 GUI 组件上发生的特定事件(通常就是用户的一次操作)。

(3) 监听器(Listener):负责监听事件源上发生的事件,并对各种事物做出相应处理的对象(对象中包含事件处理器)。

如上 3 个对象有着非常紧密的联系,在 AWT 事件处理中有非常重要的作用,接下来了解一下事件处理流程,如图 10-2 所示。

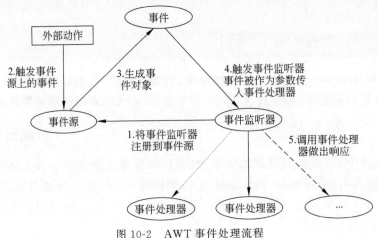

图 10-2　AWT 事件处理流程

图 10-2 显示了事件处理的流程，事件源是一个组件，当用户进行一些操作时，例如单击，则会触发相应事件，如果事件源注册了事件监听器，则触发的相应事件将会被处理。接下来用一个案例演示 Swing 中的事件监听，具体示例如下。

【例 10-22】 事件监听实例。

```java
import java.awt.*;
import java.awt.event.*;
public class CloseDemo {
    public static void main(String[] args) {
        JFrame frame = new JFrame("Frame 窗体");
        frame.setSize(300, 200);          //设置长和宽
        frame.setVisible(true);           //设置为可见
        ListenerClose lc = new ListenerClose();
        frame.addWindowListener(lc);      //为窗口注册监听器
    }
}
class ListenerClose implements WindowListener {
    public void windowClosing(WindowEvent e) {
        Window w = e.getWindow();
        w.setVisible(false);
        w.dispose();                      //释放窗口
    }
    public void windowOpened(WindowEvent e) {
    }
    public void windowClosed(WindowEvent e) {
    }
    public void windowIconified(WindowEvent e) {
    }
    public void windowDeiconified(WindowEvent e) {
    }
    public void windowActivated(WindowEvent e) {
    }
    public void windowDeactivated(WindowEvent e) {
    }
}
```

10.5.2　Swing 常用事件处理

在 Swing 中，提供了丰富的事件，这些事件大致可以分为窗体事件、鼠标事件、键盘事件、动作事件，下面对这些事件进行讲解。

1. 窗体事件

Java 提供的 WindowListener 是专门处理窗体的事件监听接口，一个窗口的所有变化，如窗口的打开、关闭等都可以使用这个接口进行监听。此接口定义的方法如表 10-24 所示。

表 10-24   WindowListener 接口的方法

方 法 声 明	功 能 描 述
void windowActivated(WindowEvent e)	将窗口变为活动窗口是触发
void windowDeactivated(WindowEvent c)	将窗口变为不活动窗口是触发
void windowClosed(WindowEvent e)	当窗口被关闭时触发
void windowClosing(WindowEvent e)	当窗口正在关闭时触发
void windowIconified(WindowEvent e)	窗口最小化时触发
void windowDeiconified(WindowEvent e)	窗口从最小化恢复到正常状态时触发
void windowOpened(WindowEvent e)	窗口打开时触发

下面通过实例来演示窗体事件的使用。

【例 10-23】 窗体事件实例。

```java
import java.awt.*;
import java.awt.event.*;
public class WindowEventDemo {
    public static void main(String[] args) {
        JFrame frame = new JFrame("Frame 窗体");
        frame.setSize(300, 200);
        frame.setLocation(500, 200);
        frame.setVisible(true);
        frame.addWindowListener(new WindowListener() {
            public void windowOpened(WindowEvent e) {
                System.out.println("windowOpened-->窗口被打开");
            }
            public void windowIconified(WindowEvent e) {
                System.out.println("windowIconified-->窗口最小化");
            }
            public void windowDeiconified(WindowEvent e) {
                System.out.println("windowDeiconified-->窗口从最小化恢复");
            }
            public void windowDeactivated(WindowEvent e) {
                System.out.println("windowDeactivated-->取消窗口选中");
            }
            public void windowClosing(WindowEvent e) {
                System.out.println("windowClosing-->窗口正在关闭");
                ((Window) e.getComponent()).dispose();
            }
            public void windowClosed(WindowEvent e) {
                System.out.println("windowClosed-->窗口关闭");
            }
            public void windowActivated(WindowEvent e) {
```

```
            System.out.println("windowActivated-->窗口被选中");
        }
    });
    }
}
```

2. 鼠标事件

Java 提供的 MouseListener 是专门处理鼠标的事件监听接口，如果想对一个鼠标的操作进行监听，如鼠标按下、松开等，则可以使用此接口。此接口定义的方法如表 10-25 所示。

表 10-25　MouseListener 接口的方法

方法声明	功能描述
void mouseClicked(MouseEvent e)	鼠标单击时调用
void mousePressed(MouseEvent e)	鼠标按下时调用
void mouseReleased(MouseEvent e)	鼠标松开时调用
void mouseEntered(MouseEvent e)	鼠标进入到组件时调用
void mouseExited(MouseEvent e)	鼠标离开组件时调用

表 10-25 列出了 MouseListener 接口的方法，每个事件触发后都会产生 MouseEvent 事件，此事件可以得到鼠标的相关操作，如单击左键、单击右键等。MouseEvent 类的常量及常用方法如表 10-26 所示。

表 10-26　MouseEvent 类的常量及常用方法

常量及常用方法	功能描述
public static final int BUTTON1	表示鼠标左键的常量
public static final int BUTTON2	表示鼠标滚轮的常量
public static final int BUTTON3	表示鼠标右键的常量
int getClickCount()	返回鼠标的单击次数
int getButton()	以数字形式返回按下的鼠标键

下面通过实例来演示鼠标事件的使用。

【例 10-24】　鼠标事件实例。

```
import java.awt.*;
import java.awt.event.*;
public class TestMouseEvent {
    public static void main(String[] args) {
        JFrame frame = new JFrame("Frame 窗口");
        JButton bt = new JButton("按钮");
        frame.add(bt);
```

```
frame.setSize(300, 200);
frame.setLocation(500, 200);
frame.setVisible(true);
bt.addMouseListener(new MouseListener() {
    public void mouseReleased(MouseEvent e) {
        System.out.println("mouseReleased-->鼠标松开");
    }
    public void mousePressed(MouseEvent e) {
        System.out.println("mousePressed-->鼠标按下");
    }
    public void mouseExited(MouseEvent e) {
        System.out.println("mouseExited-->鼠标离开组件");
    }
    public void mouseEntered(MouseEvent e) {
        System.out.println("mouseEntered-->鼠标进入组件");
    }
    public void mouseClicked(MouseEvent e) {
        int i = e.getButton();
        if (i ==MouseEvent.BUTTON1) {
            System.out.println("mouseClicked-->单击鼠标左键"
                    );
        }else if(i==MouseEvent.BUTTON3){
            System.out.println("mouseClicked-->单击鼠标右键"
                    );
        }else{
            System.out.println("mouseClicked-->鼠标滚轮"
                    );
        }
    }
});
    }
}
```

3. 键盘事件

Java 提供的 KeyListener 是专门处理键盘的事件监听接口,如果想对键盘的操作进行监听,如键盘按键、松开键等,则可以使用此接口。此接口定义的方法如表 10-27 所示。

表 10-27　KeyListener 接口的方法

方　法　声　明	功　能　描　述
void KeyTyped(KeyEvent e)	键盘输入某个键调用
void KeyPressed(KeyEvent e)	键盘按下时调用
void KeyReleased(KeyEvent e)	键盘松开时调用

表 10-27 列出了 KeyListener 接口的方法,每个事件触发后都会产生 KeyEvent 事件,

此事件可以得到键盘的相关操作。KeyEvent 类的常用方法如表 10-28 所示。

表 10-28 KeyEvent 类的常用方法

方 法 声 明	功 能 描 述
char getKeyChar()	返回输入的字符,只针对 keyTyped 有意义
int getKeyCode()	返回输入字符的键码
static String getKeyText(int KeyCode)	返回此键的信息
int getButton()	以数字形式返回按下的鼠标键

下面通过实例来演示键盘事件的使用。

【例 10-25】 键盘事件实例。

```java
import java.awt.*;
import java.awt.event.*;
public class TestKeyEvent {
    public static void main(String[] args) {
        JFrame frame = new JFrame("Frame 窗口");
        TextField tf = new TextField(10);
        frame.add(tf);
        frame.setSize(300, 200);
        frame.setLocation(500, 200);
        frame.setVisible(true);
        tf.addKeyListener(new KeyAdapter() {
            public void keyPressed(KeyEvent e) {
                System.out.println("keyPressed-->键盘"
                        +KeyEvent.getKeyText(e.getKeyCode()) +"键按下");
            }
            public void keyReleased(KeyEvent e) {
                System.out.println("keyReleased-->键盘"
                        +KeyEvent.getKeyText(e.getKeyCode()) +"键松开");
            }
            public void keyTyped(KeyEvent e) {
                System.out.println("keyTyped-->键盘输入的内容是:"
                        +e.getKeyChar());
            }
        });
    }
}
```

4. 动作事件

前面讲解的内容中涉及了按钮,如果想让一个按钮变得有意义,就必须使用动作事件。AWT 的事件处理中,动作事件与前三种事件不同,它不代表具体某个动作,只代表一个动作发生了,例如复制一段话,右击鼠标在弹出的快捷菜单中选择"复制"命令能复制,在键盘按下 Ctrl＋C 组合键也能复制,但不需要知道用哪种方式复制的,只要是进行复制操作后,就触发了该动作事件。

　　Java 提供的 ActionListener 是专门处理动作的事件监听接口,触发某个动作事件后执行,则可以使用此接口。

本 章 小 结

　　本章主要讲解了 Swing 容器、组件和布局管理器的使用方法。图形用户界面的操作通常是通过鼠标和键盘等事件操作来完成的,通过这些操作会引发一个预先定义好的事件,用户需要编写代码来做出响应。通过本章的学习,读者应掌握 GUI 的开发技巧和思想。

习　　题

一、选择题

　　1.(　　　)布局管理器可以对容器组件按照南、北、东、西和中间共 5 个区域进行安排,并调整其大小。

　　　　A. FlowLayout　　　　B. BorderLayout　　　　C. GridLayout　　　　D. CardLayout

　　2. 使用(　　　)方法为组件容器获取布局管理器。

　　　　A. BorderLayout　　　　B. setLayout　　　　C. getLayout　　　　D. Component

　　3. 使用(　　　)方法为组件容器设置布局管理器。

　　　　A. BorderLayout　　　　B. setLayout　　　　C. Container　　　　D. Component

　　4. JPanel 类默认的布局管理器是(　　　)。

　　　　A. GridLayout　　　　B. BorderLayout　　　　C. FlowLayout　　　　D. CardLayout

　　5. 所有 GUI 标准组件类的父类是(　　　)。

　　　　A. Buttom　　　　B. List　　　　C. Component　　　　D. Container

二、填空题

　　1. AWT 事件处理的过程中,主要涉及 3 个对象,分别是 ＿＿＿＿＿、＿＿＿＿＿和 ＿＿＿＿＿。

　　2. 在 Java 中,图形用户界面简称 ＿＿＿＿＿。

　　3. ＿＿＿＿＿负责监听事件源上发生的事件,并对各种事件做出相应处理。

三、操作题

　　编写一个 JFrame 窗体,要求如下:

　　在窗口的包含一个文本框、一个密码框、两个按钮,单击按钮可以分别清除文本框和密码框的内容。

CHAPTER 第 11 章

线 程

本章学习重点：

- 了解多线程的概念。
- 掌握线程的 3 种创建方式。
- 掌握线程的生命周期。
- 掌握线程的调度方式。
- 掌握多线程通信。

前面章节讲到的都是单线程编程，单线程的程序就好像售票大厅只开一个售票窗口，所有人只能在这个窗口排队买票，这个过程时间长，效率低。假如开设了多个窗口卖票，不仅可以提高售票效率而且还可以节省买票人的时间，多个售票窗口就相当于程序中的多线程。

11.1 线程概述

多线程是实现并发机制的一种有效手段。进程和线程一样，都是实现并发的一个基本单位。线程是比进程更小的执行单位，线程是在进程的基础之上进行的进一步划分。所谓多线程，是指一个进程在执行过程中可以产生多个更小的程序单元，这些更小的单元称为线程，这些线程可以同时存在、同时运行，一个进程可能包含了多个同时执行的线程，进程与线程的区别如图 11-1 所示。

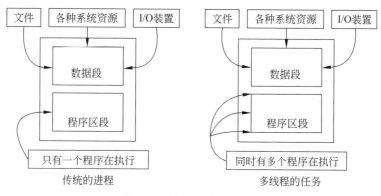

图 11-1　线程与进程的区别

11.1.1 进程

在学习线程之前,首先了解什么是进程。在一个操作系统中,每个独立执行的程序都可以称为一个进程。例如正在运行的 QQ。在多任务操作系统中,可以查看当前系统中所有的进程,以 Windows 操作系统为例,打开任务管理器窗口,可以查看到进程选项卡中当前系统的进程,如图 11-2 所示。

在多任务操作系统中,表面上看是支持进程并发执行的,但实际上这些进程并不是同一时刻运行的。在计算机中,所有的应用程序都是由 CPU 执行的,对于一个 CPU 而言,在某个时间点只能运行一个程序,也就是说只能执行一个进程。操作系统会为每一个进程分配一段有限的 CUP 使用时间,CPU 在这段时间中执行某个进程,然后会在下一段时间执行另一个进程。由于 CPU 执行速度很快,所以看上去好像是同时执行多个程序。

11.1.2 线程

操作系统可以同时执行多个任务,每个任务就是进程,进程可以同时执行多个任务,每个任务就是线程。例如,杀毒软件程序是一个进程,那么它在为计算机体检的同时可以清理垃圾文件,这就是两个线程同时运行。在 Windows 任务管理器中也可以查看当前系统的线程数,如图 11-3 所示。

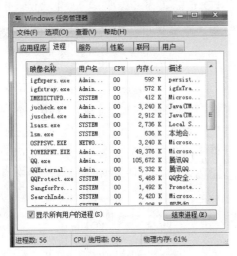

图 11-2　Windows 进程

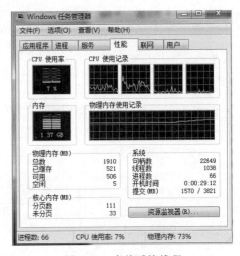

图 11-3　当前系统线程

11.2　线程机制

Java 为多线程开发提供了非常优秀的技术支持,在 Java 中,可以通过 3 种方式来实现多线程:第一种是继承 Thread 类,重写 run()方法;第二种是实现 Runnable 接口,重写 run()方法;第三种是实现 Callable 接口,重写 call()方法,并使用 Future 来获取 call()方法的返回结果。下面分别进行详细讲解。

11.2.1　Thread 类创建线程

Java 提供了 Thread 类代表线程,它位于 java.lang 包中,下面介绍 Thread 类创建并启动多线程的步骤,具体如下:

(1) 定义 Thread 类的子类,并重写 run()方法,run()方法称为线程执行体。

(2) 创建 Thread 子类的实例,即创建了线程对象。

(3) 调用线程对象 start()方法启动线程。

启动一个新线程时,需要创建一个 Thread 类实例,接下来了解 Thread 类的常用构造方法,如表 11-1 所示。

表 11-1　Thread 类的构造方法

构 造 方 法	功 能 描 述
public Thread()	创建新的 Thread 对象,自动生成的线程名称为 "Thread-"＋n,其中的 n 为整数
public Thread(String name)	创建新的 Thread 对象,name 是新线程的名称
public Thread(Runnable,target)	创建新的 Thread 对象,target 是其 run()方法被调用的对象
public Thread(Runnable target,String name)	创建新的 Thread 对象,target 是其 run()方法被调用的对象,name 是新线程的名称

表 11-1 中的构造方法可以创建线程实例,线程真正的功能代码在类的 run()方法中。当一个类继承 Thread 类后,可以在类中覆盖父类的 run()方法,在方法内写入功能代码。另外,Thread 类还有一些常用方法,如表 11-2 所示。

表 11-2　Thread 类常用方法

方 法 声 明	功 能 描 述
String getName()	返回该线程的名称
Thread.State getState()	返回该线程的状态
Boolean isAlive()	测试线程是否处于活动状态
void setName(String name)	改变线程名称,使之与参数 name 相同
void start()	是该线程开始执行;Java 虚拟机调用该线程的 run()方法
static void sleep(long millis)	在指定的毫秒数内让当前正在执行的线程休眠(暂停执行),此操作受到系统计时器和调度程序精度和准确性的影响

下面通过一个实例来演示继承 Thread 类的方式创建多线程。

【例 11-1】　Thread 类创建多线程实例。

```java
public class ThreadDemo{
    public static void main(String[] args) {
        MyThread thread1=new MyThread("thread1");
```

```
        thread1.start();
        MyThread thread2=new MyThread("thread2");
        thread2.start();
    }
}
class MyThread extends Thread{
    MyThread(String name){
        super(name);
    }
    public void run(){
        int i=0;
        while(i++<5){
            System.out.println(Thread.currentThread().getName()+"的 run 方法在
运行");
        }
    }
}
```

例 11-1 中，定义了一个继承了 Thread 线程的子类 MyThread，并重写了 run()方法，在 main()方法中分别创建了两个线程实例，并指定线程名称为 thread1 和 thread2，最后通过 start()方法启动线程。从运行结果可以看出，两个线程对象交替执行了各自重写的 run() 方法，并打印出对应的信息。

11.2.2　Runnable 接口创建线程

11.2.1 节讲解了继承 Thread 类的方式创建多线程，但 Java 只支持单继承，一个类只能 有一个父类，继承 Thread 类后，就不能再继承其他类，为了解决这个问题，可以用实现 Runnable 接口的方式创建多线程，下面介绍实现 Runnable 接口创建并启动多线程的具体 步骤。

（1）定义 Runnable 接口实现类，并重写 run()方法。

（2）创建 Runnable 实现类的实例，并将实例对象传给 Thread 类的 target 来创建线程 对象。

（3）调用线程对象的 start()方法启动线程。

下面通过一个实例来演示实现 Runnable 接口的方式创建多线程。

【例 11-2】　实现 Runnable 接口的方式创建多线程实例。

```
public class RunnableDemo {
    public static void main(String[] args) {
        MyThread mythread=new MyThread();
        Thread thread1=new Thread(mythread,"thread1");
        thread1.start();
        Thread thread2=new Thread(mythread,"thread2");
        thread2.start();
```

```
    }
}
class MyThread implements Runnable{
    public void run(){
        int i=0;
        while(i++<5){
            System.out.println(Thread.currentThread().getName()+"的 run 方法在
运行");
        }
    }
}
```

例 11-2 中,定义了一个实现了 Runnable 接口类 MyThread,并重写了 run()方法,在 main()方法中分别创建了两个线程实例,并指定线程名称为 thread1 和 thread2,最后通过 start()方法启动线程。从运行结果可以看出,两个线程对象交替执行了各自重写的 run() 方法,并打印出对应的信息。

11.2.3　Callable 接口和 Future 接口创建线程

11.2.2 节讲解了实现 Runnable 接口的方式创建多线程,但重写 run()方法实现功能代码有一定的局限性,这样做方法没有返回值且不能抛出异常,JDK 5.0 后,Java 提供了 Callable 接口来解决此问题,接口内有一个 call()方法可以作为线程执行体,call()方法有返回值且可以抛出异常。下面介绍实现 Callable 接口创建并启动多线程的具体步骤。

(1) 定义 Callable 接口实现类,指定返回值类型,并重写 call()方法。

(2) 创建 Callable 实现类的实例,使用 FutureTask 类来包装 Callable 对象,该 FutureTask 对象封装了该 Callable 对象的 call()方法的返回值。

(3) 使用 FutureTask 对象作为 Thread 对象的 target 创建并启动新线程。

(4) 调用 FutureTask 对象的 get()方法来获得子线程执行结束后的返回值。

Callable 接口不是 Runnable 接口的子接口,所以不能直接作为 Thread 的 target,而且 call()方法有返回值,是被调用者,JDK 5.0 还提供了一个 Future 接口代表 call()方法的返回值,Future 接口有一个 FutureTask 实现类,它实现了 Runnable 接口,可以作为 Thread 类的 target,接下来先了解一下 Future 接口的方法,如表 11-3 所示。

表 11-3　Future 接口的方法

方 法 声 明	功 能 描 述
Boolean cancel(Boolean b)	试图取消对此任务的执行
V get()	如有必要,等待计算完成,然后获取其结果
V get(long timeout,TimeUnit unit)	如果必要,最多等待为使计算完成所给定的事件之后,获取其结果(如果结果可用)
Boolean isCancelled()	如果在任务正常完成前将其取消,则返回 true
Boolean isDone()	如果任务已完成,则返回 true

下面通过一个实例来演示实现 Calleab 接口和 Future 接口的方式创建多线程。

【例 11-3】　实现 Calleab 接口和 Future 接口的方式创建多线程实例。

```java
import java.util.concurrent.*;
public class CallableDemo {
    public static void main(String[] args) {
        Callable<Integer>myCallable = new SubThread3();
        //使用 FutureTask 来包装 MyCallable 对象
        FutureTask<Integer>ft = new FutureTask<Integer>(myCallable);
        for (int i = 0; i < 4; i++) {
            System.out.println(Thread.currentThread().getName() +":" +i);
            if (i ==1) {
                Thread thread = new Thread(ft);
                thread.start();
            }
        }
        System.out.println("主线程 for 循环执行完毕..");
        try {
            int sum = ft.get();
            System.out.println("sum = " +sum);
        } catch (InterruptedException e) {
            e.printStackTrace();
        } catch (ExecutionException e) {
            e.printStackTrace();
        }
    }
}
class SubThread3 implements Callable<Integer>{
    private int i = 0;
    public Integer call() throws Exception {
        int sum = 0;
        for (i = 0; i < 3; i++) {
            System.out.println(Thread.currentThread().getName() +":" +i);
            sum +=i;
        }
        return sum;
    }
}
```

11.3　线程的生命周期及状态转换

Java 中任何对象都有生命周期,线程也有自己的生命周期。当 Thread 对象创建完成时,线程的生命周期就开始了。当线程任务中代码正常执行完毕或者有未捕获的异常或错误时,线程的生命周期就结束了。

接下来了解线程的生命周期。线程有新建(New)、就绪(Runnable)、运行(Running)、阻塞(Blocked)和死亡(Terminated)5 种状态,线程从新建到死亡称为线程的生命周期,接下来了解线程的生命周期及状态转换,如图 11-4 所示。

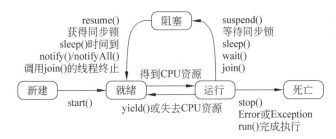

图 11-4　线程的生命周期及状态转换

下面详细讲解线程的这 5 种状态。

1. 新建状态

创建一个线程对象后,该线程对象就处于新建状态,此时不能运行,和其他对象一样,仅仅有 JVM 为其分配了内存,没有表现出任何线程的特征。

2. 就绪状态

当一个线程对象创建后,其他线程调用它的 start()方法,该线程就进入就绪状态,Java虚拟机会为它创建方法调用栈和程序计数器。处于这个状态的线程位于可运行池中,等待获得 CPU 的使用权。

3. 运行状态

处于这个状态的线程占用 CPU,执行程序代码。在并发执行时,如果计算机只有一个CPU,那么只会有一个线程处于运行状态。如果计算机有多个 CPU,那么同一时刻可以有多个线程占用不同 CPU 处于运行状态,只有处于就绪状态的线程才可以转换到运行状态。

4. 阻塞状态

阻塞状态是指线程因为某些原因放弃 CPU,暂时停止运行。当线程处于阻塞状态时,Java 虚拟机不会给线程分配 CPU,直到线程重新进入就绪状态,它才有机会转换到运行状态。

下面列举一下线程由运行状态转换成阻塞状态的原因,以及如何从阻塞状态转换成就绪状态。

(1) 当线程调用了某个对象的 suspend()方法时,也会使线程进入阻塞状态,如果想进入就绪状态,需要使用 resume()方法唤醒该线程。

(2) 当线程试图获取某个对象的同步锁时,如果该锁被其他线程持有,则当前线程就会进入阻塞状态,如果想从阻塞状态进入就绪状态必须要获取到其他线程持有的锁。

(3) 当线程调用了 Thread 类的 sleep()方法时,也会使线程进入阻塞状态,在这种情况下,需要等到线程睡眠的时间结束,线程会自动进入就绪状态。

(4) 当线程调用了某个对象的 wait()方法时,也会使线程进入阻塞状态,如果想进入就绪状态,需要使用 notify()方法或 notifyAll()方法唤醒该线程。

(5) 当在一个线程中调用了另一个线程的 join()方法时,会使当前线程进入阻塞状态,在这种情况下,要等到新加入的线程运行结束后才会结束阻塞状态,进入就绪状态。

5. 死亡状态

线程的 run()方法执行完毕或者线程抛出未捕获的异常、错误,线程就进入死亡状态。一旦进入死亡状态,线程将不再拥有运行的资格,也不能再转换为其他状态,生命周期结束。

11.4 线程的调度

程序中的多个线程是并发执行的,但并不是同一时刻执行,某个线程想要执行必须要获得 CUP 的使用权。Java 虚拟机会按照特定的机制为程序中的每个线程分配 CPU 的使用权,这种机制被称为线程的调度。

在计算机中,线程调度有两种模式,分别是分时调度模式和抢占式调度模式。所谓分时调度模式是让所有线程轮流获得 CPU 使用权,平均分配每个线程占用 CPU 的时间片。抢占式调度模式是让可运行池中所有就绪状态的线程争抢 CPU 的使用权,而优先级高的线程获取 CPU 执行权的概率大于优先级低的线程。Java 虚拟机默认采用抢占式调度模式,大多数情况下程序员不需要去关心它,但在某些特定的需求下需要改变这种模式,由程序自己来控制 CPU 的调度。接下来详细讲解线程调度的相关知识。

11.4.1 线程的优先级

所有处于就绪状态的线程根据优先级存放在可运行池中,优先级低的线程运行机会较少,优先级高的线程运行机会更多。Thread 类的 setPriority(int newPriority)方法和 getPriority()方法分别用于设置优先级和读取优先级。优先级用整数表示,取值范围为 1～10,除了直接用数字表示线程的优先级,还可以用 Thread 类中提供的 3 个静态常量来表示线程的优先级,如表 11-4 所示。

表 11-4　Thread 类的静态常量

常 量 名 称	功 能 描 述
static int MAX_PRIORITY	取值为 10,表示最高优先级
static int NORM_PRIORITY	取值为 5,表示默认优先级
static int MIN_PRIORITY	取值为 1,表示最低优先级

下面通过一个实例来演示线程优先级的使用。

【例 11-4】　线程优先级实例。

```java
public class PriorityDemo {
    public static void main(String[] args) {
        MyThread t1 = new MyThread("优先级低的线程");
        MyThread t2 = new MyThread("默认优先级的线程");
        MyThread t3 = new MyThread("优先级高的线程");
        t1.setPriority(1);
        t2.setPriority(Thread.NORM_PRIORITY);
```

```
            t3.setPriority(10);
            t1.start();
            t2.start();
            t3.start();
        }
    }
    class MyThread extends Thread {
        public MyThread(String name) {
            super(name);
        }
        public void run() {
            for (int i = 0; i < 10; i++) {
                    System.out.println(Thread.
                            currentThread().getName() +"正在输出:" +i);
            }
        }
    }
```

11.4.2 线程休眠

优先级高的线程有更大的概率优先执行,而优先级低的线程可能会后执行。如果想人为控制线程执行顺序,使正在执行的线程暂停,将 CPU 使用权让给其他线程,可以使用 sleep()方法。

sleep()方法有两种重载形式,具体示例如下。

```
static void sleep(long millis)
static void sleep(long millis,int nanos)
```

如上所示是 sleep()方法的两种重载形式,前者参数是指定线程休眠的毫秒数,后者是指定线程休眠的毫秒数和毫微秒数。正在执行的线程调用 sleep()方法可以进入阻塞状态,也叫线程休眠,在休眠时间内,即使系统中没有其他可执行的线程,该线程也不会获得执行的机会,当休眠时间结束才可以执行该线程。接下来用一个案例来演示线程休眠。

【例 11-5】 线程休眠实例。

```
import java.text.SimpleDateFormat;
import java.util.Date;
public class SleepDemo {
    public static void main(String[] args) throws Exception {
        public static void main(String[] args) throws InterruptedException{
        MyThread thread=new MyThread();
        thread.start();
    }
}
class MyThread extends Thread{
```

```
    public void run(){
        for (int i = 0; i <5; i++) {
            System.out.println("当前时间:"
                    +new SimpleDateFormat("hh:mm:ss").format(new Date()));
            try {
                Thread.sleep(2000);
            } catch (InterruptedException e) {
                //TODO Auto-generated catch block
                e.printStackTrace();
            }
        }
    }
}
```

例 11-5 中,在循环中打印 5 次格式化后的当前时间,每次打印后都调用 Thread 类的 sleep()方法,让程序休眠 2s,打印的 5 次运行结果,每次的间隔都是 2s。这是线程休眠的基本使用。

11.4.3　线程让步

11.4.2 节讲解了使用 sleep()方法使线程阻塞,Thread 类还提供一个 yield()方法,它与 sleep()方法类似,它也可以让当前正在执行的线程暂停,但 yield()方法不会使线程阻塞,只是将线程转换为就绪状态,也就是让当前线程暂停一下,线程调度器重新调度一次,有可能还会将暂停的程序调度出来继续执行,这也称为线程让步。接下来用一个案例来演示线程让步,具体示例如下。

【例 11-6】 线程让步实例。

```
public class YieldDemo {
    public static void main(String[] args) {
        MyThread thread1=new MyThread("thread1");
        MyThread thread2=new MyThread("thread1");
        thread1.start();
        thread2.start();
    }
}
class MyThread extends Thread{
    MyThread(String name){
        super(name);
    }
    public void run(){
        for (int i = 0; i <5; i++) {
            System.out.println(Thread.currentThread().getName()+"---"+i);
            if(i==2){
                System.out.print("线程让步:");
```

```
                    Thread.yield();
                }
            }
        }
    }
```

例 11-6 创建了两个线程 thread1 和 thread2，它们的优先级相同。两个线程在循环变量 i 等于 2 时，都会调用 Thread 的 yield()方法，使当前线程暂停，让两个线程再次争夺 CPU 使用权，从运行结果可以看出，当线程 thread1 输出 2 以后，会做出让步，线程 thread2 获取执行权，同样，线程 thread2 输出 2 后，也会做出让步，线程 thread1 获取执行权。

11.4.4　线程插队

现实生活中经常碰到"插队"的情况，同样在 Thread 类中也提供了一个 join()方法来实现这个功能。当在某个线程中调用其他线程的 join()方法时，调用的线程将被阻塞，直到被 join()方法加入的线程执行完成后它才会继续执行。接下来用一个案例来演示线程插队，具体示例如下。

【例 11-7】　线程插队实例。

```
public class TestJoin {
    public static void main(String[] args) throws Exception {
        MyThread st = new MyThread();          //创建 SubThread4 实例
        Thread t = new Thread(st, "线程 1");    //创建并开启线程
        t.start();
        for (int i = 1; i < 6; i++) {
            System.out.println(Thread.
                    currentThread().getName() + ":" + i);
            if (i == 2) {
                t.join();                       //线程插队
            }
        }
    }
}
class MyThread implements Runnable {
    public void run() {                         //重写 run()方法
        for (int i = 1; i < 6; i++) {
            System.out.println(Thread.
                    currentThread().getName() + ":" + i);
        }
    }
}
```

例 11-7 中，声明 SubThread4 类实现 Runnable 接口，在类中实现了 run()方法，方法内循环打印数字 1～5，在 main()方法中创建 SubThread4 类实例并启动线程，main()方法中

同样循环打印数字 1～5，当变量 i 为 2 时，调用 join()方法将子线程插入，子线程开始执行，直到子线程执行完，main()方法的主线程才能继续执行。这是线程插队的基本使用。

11.4.5 后台线程

线程中还有一种后台线程，它是为其他线程提供服务的，又称为"守护线程"或"精灵线程"，JVM 的垃圾回收线程就是典型的后台线程。

如果所有的前台线程都死亡，后台线程会自动死亡。当整个虚拟机中只剩下后台线程，程序就没有继续运行的必要了，所以虚拟机也就退出了。

若将一个线程设置为后台线程，可以调用 Thread 类的 setDaemon(boolean on)方法，将参数指定为 true 即可，Thread 类还提供了一个 isDaemon()方法，用于判断一个线程是否是后台线程。下面通过一个案例来演示后台线程。

【例 11-8】 后台线程实例。

```java
public class TestBackThread {
    public static void main(String[] args) {
        SubThread5 st1 = new SubThread5("新线程");
        st1.setDaemon(true);
        st1.start();
        for (int i = 0; i <2; i++) {
            System.out.println(Thread.
                    currentThread().getName() +":" +i);
        }
    }
}
class SubThread5 extends Thread {
    public SubThread5(String name) {
        super(name);
    }
    public void run() {
        for (int i = 0; i <1000; i++) {
            if (i %2 !=0) {
                System.out.println(Thread.
                        currentThread().getName() +":" +i);
            }
        }
    }
}
```

11.5　多线程同步

多线程的并发执行可以提高程序的效率，但是，当多个线程去访问一个资源时，也会引发一些安全问题。例如，当统计一个班级的学生数目时，如果有学生进进出出，则很难统计正确。为了解决这样的问题,需要实现多线程的同步,即限制某个资源在同一时刻只能被一个线程访问。下面将针对多线程的安全问题以及如何实现线程同步进行讲解。

11.5.1　线程安全

关于线程安全,有一个经典的问题——窗口卖票的问题。窗口卖票的基本流程大致为首先知道共有多少张票,每卖掉一张票,票的总数要减 1,多个窗口同时卖票,当票数剩余 0 时说明没有余票,停止售票。流程很简单,但如果这个流程放在多线程并发的场景下,就存在问题,可能问题不会及时暴露出来,运行很多次才出一次问题。下面通过一个实例来演示窗口卖票的问题。

【例 11-9】　窗口卖票实例。

```java
public class TestTicket1 {
    public static void main(String[] args) {
        MyTicket ticket = new MyTicket();
        Thread t1 = new Thread(ticket,"窗口 1");
        Thread t2 = new Thread(ticket,"窗口 2");
        Thread t3 = new Thread(ticket,"窗口 3");
        t1.start();
        t2.start();
        t3.start();
    }
}
class MyTicket implements Runnable {
    private int ticket = 5;
    public void run() {
        while(true){
            if (ticket >0) {
                try {
                    Thread.sleep(100);
                } catch (InterruptedException e) {
                    e.printStackTrace();
                }
                System.out.println(Thread.currentThread().getName()+
                        "正在发售第" +ticket--+"张票");
            }
        }
    }
}
```

例 11-9 中,声明 MyTicket 类实现 Runnable 接口,首先在类中定义一个 int 型变量,用于记录总票数,然后在 while 循环中卖票,每卖一张,票总数减 1,为了让程序的问题暴露出来,这里调用 sleep()方法让程序每次循环都休眠 100ms,最后在 main()方法中创建并启动 3 个线程,模拟 3 个窗口同时售票。从运行结果可以看出,第 5 张票重复卖了两次,剩余的票数出现了-1 张。

出现这种情况是因为 run()方法的循环中判断票数是否大于 0,大于 0 则继承出售,但这里调用 sleep()方法让程序每次循环都休眠 100ms,这就会出现第一个线程执行到此处休眠的同时,第二个和第三个线程也进入执行,所以总票数减的次数增多,这就是线程安全的问题。

11.5.2　同步代码块

前面提出了线程安全的问题,为了解决这个问题,Java 的多线程引入了同步监视器,使用同步监视器的通用方法就是同步代码块,具体示例如下:

```
synchronized(lock){
        同步代码块
}
```

如上所示,synchronized 关键字后括号里的 lock 就是同步监视器,当线程执行同步代码块时,首先会检查同步监视器的标志位,默认情况下标志位为 1,线程会执行同步代码块,同时将标志位改为 0。当第二个线程执行同步代码块前,检查到标志位为 0,第二个线程会进入阻塞状态,直到前一个线程执行完同步代码块内的操作,标志位重新改为 1,第二个线程才有可能进入同步代码块。下面通过修改上例来演示用同步代码块解决线程安全问题。

【例 11-10】 同步代码块实例。

```java
public class TestSynBlock {
    public static void main(String[] args) {
        MyTicket ticket = new MyTicket();
        Thread t1 = new Thread(ticket,"窗口 1");
        Thread t2 = new Thread(ticket,"窗口 2");
        Thread t3 = new Thread(ticket,"窗口 3");
        t1.start();
        t2.start();
        t3.start();
    }
}
class MyTicket implements Runnable {
    private int ticket = 10;
    Object lock=new Object();
    public void run() {
        while(true){
            synchronized(lock){
            if (ticket >0) {
                try {
                    Thread.sleep(100);
                } catch (InterruptedException e) {
                    e.printStackTrace();
```

```
        }
        System.out.println(Thread.currentThread().getName()+
            "正在发售第"+ticket--+"张票");
        }
      }
    }
  }
}
```

11.5.3 同步方法

同步代码块可以有效解决线程的安全问题,当把共享资源的操作放在 synchronized 定义的区域中,便为这些操作加了同步锁。同样,在方法前面也可以使用 synchronized 关键字来修饰,被修饰的方法称为同步方法,它能实现和同步代码块同样的功能。下面使用同步方法对上述例题进行修改。

【例 11-11】 同步方法实例。

```
public class TestSynMethod {
    public static void main(String[] args) {
        MyTicket ticket = new MyTicket();
        Thread t1 = new Thread(ticket,"窗口 1");
        Thread t2 = new Thread(ticket,"窗口 2");
        Thread t3 = new Thread(ticket,"窗口 3");
        t1.start();
        t2.start();
        t3.start();
    }
}
class MyTicket implements Runnable {
    private int ticket = 10;
    public void run() {
        while(true){
            saleTicket();
        }
    }
    private synchronized void saleTicket(){
        if (ticket >0) {
            try {
                Thread.sleep(100);
            } catch (InterruptedException e) {
                e.printStackTrace();
            }
            System.out.println(Thread.currentThread().getName()+
                "正在发售第"+ticket--+"张票");
```

```
                }
            }
        }
```

11.5.4　死锁问题

在多线程应用中还存在死锁的问题,不同的线程分别占用对方需要的同步资源不放弃,都在等待对方放弃自己需要的同步资源,就形成了线程的死锁。下面通过一个实例来演示死锁的情况。

【**例 11-12**】　死锁实例。

```java
public class TestDeadLock implements Runnable {
    public int flag = 1;
    private static Object o1 = new Object();
    private static Object o2 = new Object();
    public static void main(String[] args) {
        TestDeadLock td1 = new TestDeadLock();
        TestDeadLock td2 = new TestDeadLock();
        td1.flag = 1;
        td2.flag = 0;
        new Thread(td1).start();
        new Thread(td2).start();
    }
    public void run() {
        System.out.println("flag=" +flag);
        if (flag ==1) {
            synchronized (o1) {
                try {
                    Thread.sleep(500);
                } catch (Exception e) {
                    e.printStackTrace();
                }
                synchronized (o2) {
                    System.out.println("1");
                }
            }
        }
        if (flag ==0) {
            synchronized (o2) {
                try {
                    Thread.sleep(500);
                } catch (Exception e) {
                    e.printStackTrace();
                }
```

```
        synchronized (o1) {
            System.out.println("0")
        }
      }
    }
  }
}
```

在编写代码时要尽量避免死锁,采用专门的算法、原则,尽量减少同步资源的定义。此外,Thread 类的 suspend()方法也容易导致死锁,已被标记为过时的方法。

11.6　多线程通信

不同的线程执行不同的任务,如果这些任务有某种联系,线程之间必须能够通信,协调完成工作,例如生产者和消费者互相操作仓库,当仓库为空时,消费者无法从仓库取出产品,应该先通知生产者向仓库中加入产品。当仓库已满时,生产者无法继续加入产品,应该先通知消费者从仓库取出产品。java.lang 包中 Object 类提供了 3 个用于线程通信的方法,如表 11-5 所示。

表 11-5　Object 类线程通信方法

方 法 声 明	功 能 描 述
void wait()	在其他线程调用此对象的 notify()方法或 notifyAll()方法前,导致当前线程等待
void notify()	唤醒在此对象监视器上等待的单个线程
void notifyAll()	唤醒在此对象监视器上等待的所有线程

这里要注意的是,这 3 个方法只有在 synchronized 方法或 synchronized 代码块中才能使用,否则会报 IllegalMonitorStateException。

线程通信中一个经典的例子就是生产者和消费者问题,生产者(Productor)将产品交给售货员(Clerk),而消费者(Customer)从售货员处取走产品,售货员一次最多只能持有固定数量的产品(如 10 件),如果生产者试图生产更多的产品,售货员会让生产者停一下,如果店中有空位放产品了再通知生产者继续生产;如果店中没有产品了,售货员会告诉消费者等一下,如果店中有产品了再通知消费者来取走产品。下面通过一个实例来演示生产者和消费者的问题,首先创建一个代理售货员的类。

【例 11-13】　售货员类。

```
public class Clerk {      //售货员
    private int product = 0;
    public synchronized void addProduct() {
        if (product >=10) {
            try {
```

```
                wait();
            } catch (InterruptedException e) {
                e.printStackTrace();
            }
        } else {
            product++;
            System.out.println("生产者生产了第" +product +"个产品");
            notifyAll();
        }
    }
    public synchronized void getProduct() {
        if (this.product <=0) {
            try {
                wait();
            } catch (InterruptedException e) {
                e.printStackTrace();
            }
        } else {
            System.out.println("消费者取走了第" +product +"个产品");
            product--;
            notifyAll();
        }
    }
}
```

例 11-13 中的 Clerk 类代表售货员有两个方法和一个变量,两个方法都是同步方法,其中 addProduct()方法用来添加商品,getProduct()方法用来取走商品,接下来继续编写代表生产者和消费者的类。

【例 11-14】 生产者类。

```
class Productor implements Runnable {       //生产者
    Clerk clerk;
    public Productor(Clerk clerk) {
        this.clerk = clerk;
    }
    public void run() {
        while (true) {
            try {
                Thread.sleep((int) Math.random() * 1000);
            } catch (InterruptedException e) {
            }
            clerk.addProduct();
        }
    }
}
```

【例 11-15】 消费者类。

```
class Consumer implements Runnable {        //消费者
    Clerk clerk;
    public Consumer(Clerk clerk) {
        this.clerk = clerk;
    }
    public void run() {
        while (true) {
            try {
                Thread.sleep((int) Math.random() * 1000);
            } catch (InterruptedException e) {
            }
            clerk.getProduct();
        }
    }
}
```

Productor 类代表生产者，调用 Clerk 类的 addProduct（）方法不停地生产产品，Consumer 类代表消费者，调用 Clerk 类的 getProduct（）方法不停地消费产品，最后来编写程序的 main（）方法。

【例 11-16】 程序入口。

```
public class TestProduct {
    public static void main(String[] args) {
        Clerk clerk = new Clerk();
        Thread productorThread = new Thread(new Productor(clerk));
        Thread consumerThread = new Thread(new Consumer(clerk));
        productorThread.start();
        consumerThread.start();
    }
}
```

11.7　线程组和未处理的异常

Java 中使用 ThreadGroup 来表示线程组，它可以对一批线程进行分类管理，Java 允许程序直接对线程组进行控制。用户创建的所有线程都属于指定的线程组，若未指定线程属于哪个线程组，则该线程属于默认线程组。在默认情况下，子线程和创建它的父线程处于同一个线程组内。另外，线程运行中不能改变它所属的线程组。Thread 类提供了一些构造方法来设置新创建的线程属于哪个线程组，如表 11-6 所示。

表 11-6   Thread 类构造方法

构 造 方 法	功 能 描 述
public Thread(ThreadGroup group,Runnable target)	分配新的 Thread 对象,target 是其 run()方法被调用的对象。该线程属于 group 线程组
public Thread(ThreadGroup group,Runnable target,String name)	分配新的 Thread 对象,target 是其 run()方法被调用的对象。该线程属于 group 线程组,且线程名为 name
public Thread(ThreadGroup group,Runnable target,String name,long stackSize)	target 是其 run()方法被调用的对象。该线程属于 group 线程组,且线程名为 name,指定 stackSize 为堆栈大小
public Thread(ThreadGroup group,String name)	分配新的 Thread 对象,该线程属于 group 线程组,且线程名为 name

这些方法可以为线程指定所属的线程组,指定线程组的参数为 ThreadGroup 类型,接下来了解一下 ThreadGroup 类的构造方法,如表 11-7 所示。

表 11-7   ThreadGroup 类的构造方法

构 造 方 法	功 能 描 述
public ThreadGroup(String name)	创建一个新的线程组,名称为 name
public ThreadGroup(ThreadGroup parent,String name)	创建一个新的线程组,parent 为父线程组,名称为 name

表 11-7 列出的构造方法中都有一个 String 类型的名称,这就是线程组的名字,可以通过 ThreadGroup 类的 getName()方法来获取,但不允许修改线程组的名字。另外,ThreadGroup 类也有一些常用方法,如表 11-8 所示。

表 11-8   ThreadGroup 类的常用方法

方 法 声 明	功 能 描 述
String getName()	返回此线程组的名称
int activeCount()	返回此线程组中活动线程的估计数
void interrupt()	中断此线程组中的所有线程
Boolean isDaemon()	测试此线程组是否为一个后台程序线程组
void setDaemon(Boolean daemon)	更改此线程组的后台程序状态
void setMaxPriority(int pri)	设置线程组的最高优先级

下面通过一个实例来演示线程组的使用。

【例 11-17】 线程组实例。

```
public class TestThreadGroup {
    public static void main(String[] args) {
```

```
        ThreadGroup tg1 = Thread.currentThread().getThreadGroup();
        System.out.println("主线程的名字:" +tg1.getName());
        System.out.println("主线程组是否是后台线程组:" +tg1.isDaemon());
        SubThread st = new SubThread("主线程组的线程");
        st.start();
        ThreadGroup tg2 = new ThreadGroup("新线程组");
        tg2.setDaemon(true);
        System.out.println("新线程组是否是后台线程组:" +tg2.isDaemon());
        SubThread st2 = new SubThread(tg2, "tg2 组的线程 1");
        st2.start();
        new SubThread(tg2, "tg2 组的线程 2").start();
    }
}
class SubThread extends Thread {
    public SubThread(String name) {
        super(name);
    }
    public SubThread(ThreadGroup group, String name) {
        super(group, name);
    }
    public void run() {
        for (int i = 0; i <3; i++) {
            System.out.println(getName() +"线程执行第" +i +"次");
        }
    }
}
```

ThreadGroup 类还定义了一个可以处理线程组内任意线程抛出的未处理异常,具体示例如下:

```
void uncaughtException(Thread t,Throwable e)
```

当此线程组中的线程因为一个未捕获的异常而停止,并且线程在 JVM 结束该线程之前没有查找到对应的 Thread.UncaughtExceptionHandler 时,由 JVM 调用如上方法。Thread.UncaughtExceptionHandler 是 Thread 类的一个静态内部接口,接口内只有一个方法 void uncaughtException(Thread t,Throwable e),方法中的 t 代表出现异常的线程,e 代表该线程抛出的异常。下面通过一个实例来演示主线程运行抛出未处理异常如何处理。

【例 11-18】 未处理异常实例。

```
import java.lang.Thread.UncaughtExceptionHandler;
public class TestExceptionHandling {
    public static void main(String[] args) {
        Thread.currentThread().
            setUncaughtExceptionHandler(new MyHandler());
```

```
        int i = 10 / 0;
        System.out.println("程序正常结束");
    }
}
class MyHandler implements UncaughtExceptionHandler {
    public void uncaughtException(Thread t, Throwable e) {
        System.out.println(t +"线程出现了异常:" +e);
    }
}
```

11.8　线程池

程序启动一个新线程成本是比较高的,因为它涉及要与操作系统进行交互。而使用线程池可以很好地提高性能,尤其是当程序中要创建大量生存期很短的线程时,更应该考虑使用线程池。线程池里的每一个线程代码结束后,并不会死亡,而是再次回到线程池中成为空闲状态,等待下一个对象来使用。

在 JDK 5.0 之前,我们必须手动实现自己的线程池,从 JDK 5.0 开始,Java 内置支持线程池。提供一个 Executors 工厂类来产生线程池,该类中都是静态工厂方法。

Executors 类的常用方法如表 11-9 所示。

表 11-9　Executors 类的常用方法

方 法 声 明	功 能 描 述
static ExecutorService newCachedThreadPool()	创建一个可根据需要创建新线程的线程池,在以前构造的线程可用时将重用它们
static ExecutorService newFixedThreadPool (int nThreads)	创建一个可重用固定线程数的线程池,以共享的无界队列方法来运行这些线程
static ExecutorService newSingleThreadExecutor()	创建一个使用单个 worker 线程的 Executor,以无界队列方式来运行该线程
static ThreadFactory privilegedThreadFactory()	返回用于创建新线程的线程工厂,这些新线程与当前线程具有相同的权限

接下来通过一个案例演示线程池的使用,具体示例如下。

【例 11-19】　线程池实例。

```
import java.util.concurrent. * ;
public class TestThreadPool {
    public static void main(String[] args) {
        ExecutorService es = Executors.newFixedThreadPool(10);
        Runnable run = new Runnable() {
            public void run() {
                for (int i = 0; i <3; i++) {
```

```
                    System.out.println(Thread.currentThread().getName()
                        +"执行了第"+i +"次");
                }
            }
        };
        es.submit(run);
        es.submit(run);
        es.shutdown();
    }
}
```

本 章 小 结

　　本章主要讲解了线程的创建、线程的生命周期和状态转换、线程的调度、多线程同步、多线程通信以及线程池等问题。通过本章的学习,读者应该能够对线程有较为深入的了解,并对多线程的创建、调度、同步以及通信操作熟练地运用,同时也能够对线程池有初步的了解。

习　　题

一、选择题

1. 线程调用了 sleep()方法后,该线程将进入(　　)状态。

　　A. 可运行　　　　　　B. 运行　　　　　　C. 阻塞　　　　　　D. 死亡

2. 线程控制方法中,yield()的作用是(　　)。

　　A. 返回当前线程的引用

　　B. 强行终止线程

　　C. 使比其优先级低的线程执行

　　D. 只让给同优先级的线程运行

3. 当(　　)方法终止时,能使线程进入死亡状态。

　　A. run()　　　　　　B. setPriority()　　　C. yield()　　　　　D. sleep()

4. 线程通过(　　)方法可以改变优先级。

　　A. run()　　　　　　B. setPriority()　　　C. yield()　　　　　D. sleep()

二、填空题

1. 实现多线程的三种方式,一是通过继承_____类,二是通过实现_____接口,三是通过实现_____接口。

2. 线程的整个生命周期分为 5 个阶段,分别是_____、_____、_____、_____和_____。

3. Thread 类中的 start()方法用于_____,当新线程启动后,系统会自动调用_____方法。

CHAPTER 第 **12** 章
Java 数据库连接

本章学习重点：

- 了解什么是 JDBC。
- 熟悉 JDBC 的常用方法。
- 掌握如何使用 JDBC 连接数据库。

项目开发中的数据通常都是存储在数据库中的，要想使用其中的数据，必须编写程序连接指定的数据库进行操作。Java 对数据库的操作提供了相应的语法，它提供了一套可以执行 SQL 语句的 API，即 JDBC。本章主要针对 JDBC 的基本操作进行讲解。

12.1 JDBC 简介

JDBC 的全称是 Java 数据库连接（Java Database Connectivity），它是一套用于执行 SQL 语句的 Java API。应用程序可通过这套 API 连接到关系数据库，并使用 SQL 语句来完成对数据库中数据的查询、更新和删除等操作。

应用程序使用 JDBC 访问数据库的方式如图 12-1 所示。

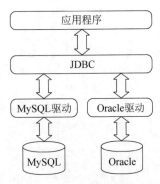

图 12-1 应用程序使用 JDBC
访问数据库

从图 12-1 中可以看出，JDBC 在应用程序与数据库之间起到了一个桥梁作用，当应用程序使用 JDBC 访问特定的数据库时，只需要通过不同的数据库驱动与其对应的数据库进行连接，连接后即可对该数据库进行操作。

12.2 JDBC 核心 API

为了让读者更好地理解应用程序如何通过 JDBC 访问数据库，接下来，通过一张图来描述 JDBC 的具体实现细节，如图 12-2 所示。

JDBC 的实现包括 3 部分，具体如下。

JDBC 驱动管理器：负责注册特定的 JDBC 驱动器，主要通过 java.sql.DriverManager 类实现。

JDBC 驱动器 API：由 SUN 公司负责制定，其中最主要的接口是 java.sql.Driver。

JDBC 驱动器：它是一种数据库驱动，由数据库厂商创建，也称为 JDBC 驱动程序。

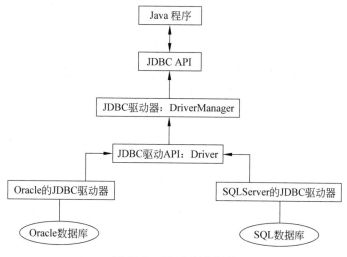

图 12-2 JDBC 实现细节

JDBC 驱动器实现了 JDBC 驱动器 API,负责与特定的数据库连接,以及处理通信细节。

JDBC API 主要位于 java.sql 包中,该包定义了一系列访问数据库的接口和类。

1. Driver 类

Driver 接口是所有 JDBC 驱动程序必须实现的接口,该接口专门提供给数据库厂商使用。在编写 JDBC 程序时,必须要把指定数据库驱动程序或类库加载到项目的 classpath 中。

2. DriverManager 类

DriverManager 类用于加载 JDBC 驱动并且创建与数据库的连接。在 DriverManager 类中,定义了两个比较重要的静态方法,如表 12-1 所示。

表 12-1 DriverManager 类的重要方法

方 法 声 明	功 能 描 述
registerDriver(Driver driver)	该方法用于向 DriverManager 中注册给定的 JDBC 驱动程序
getConnection(String url, String user, String pwd)	该方法用于建立和数据库的连接,并返回表示连接的 Connection 对象

3. Connection 接口

Connection 接口代表 Java 程序和数据库的连接对象,只有获取该连接对象后,才能访问数据库,并操作数据表。在 Connection 接口中,定义了一系列方法,如表 12-2 所示。

表 12-2 Connection 接口中的常用方法

方 法 声 明	功 能 描 述
Statement createStatement()	用于创建一个 Statement 对象来将 SQL 语句发送到数据库
prepareStatement prepareStatement(String sql)	用于创建一个 PreparedStatement 对象来将参数化的 SQL 语句发送到数据库
CallableStatement prepareCall(String sql)	用于创建一个 CallableStatement 对象来调用数据库存储过程

4. Statement 接口

Statement 是 Java 执行数据库操作的一个重要接口,它用于执行静态的 SQL 语句,并返回一个结果对象。Statement 接口对象可以通过 Connection 实例的 createStatement()方法获得,该对象会把静态的 SQL 语句发送到数据库中编译执行,然后返回数据库的处理结果。

在 Statement 接口中,提供了 3 个常用的执行 SQL 语句的方法,具体如表 12-3 所示。

表 12-3　Statement 接口中的常用方法

方 法 声 明	功 能 描 述
boolean execute(String sql)	用于执行各种 SQL 语句,该方法返回一个 boolean 类型的值,如果是 true,表示所执行的 SQL 语句有查询结果,可通过 Statement 的 getResultSet()方法获得查询结果
int executeUpdate(String sql)	用于执行 SQL 中的 insert、update 和 delete 语句。该方法返回一个 int 类型的值,表示数据库中受该 SQL 语句影响的记录的数目
ResultSet executeQuery(String sql)	用于执行 SQL 中的 select 语句,该方法返回一个表示查询结果的 ResultSet 对象

5. PreparedStatement 接口

Statement 接口封装了 JDBC 执行 SQL 语句的方法,虽然可以完成 Java 程序执行 SQL 语句的操作,但是在实际开发过程中往往需要将程序中的变量作为 SQL 语句的查询条件,而使用 Statement 接口操作这些 SQL 语句会过于麻烦,并且存在安全问题,针对这一问题, JDBC API 中提供了扩展的 PreparedStatement 接口。

PreparedStatement 是 Statement 的子接口,用于执行预编译的 SQL 语句。该接口扩展了带有参数 SQL 语句的执行操作,应用接口中的 SQL 语句可以使用占位符? 来代替其参数,然后通过 setXxx()方法为 SQL 语句的参数赋值。

在 PreparedStatement 接口中,提供了一些常用方法,如表 12-4 所示。

表 12-4　PreparedStatement 接口中的常用方法

方 法 声 明	功 能 描 述
int executeUpdate()	在此 PreparedStatement 对象中执行 SQL 语句,该语句必须是一个 DML 语句或者是无返回内容的 SQL 语句,如 DDL 语句
ResultSet executeQuery()	在此 PreparedStatement 对象中执行 SQL 查询,该方法返回的是 ResultSet 对象

在为 SQL 语句中的参数赋值时,可以通过输入参数与 SQL 类型相匹配的 setXxx()方法,例如字段的数据类型为 int,应该使用 setInt()方法;字段的数据类型为 String,应该使用 setString()方法。

6. ResultSet 接口

ResultSet 接口用于保存 JDBC 执行查询时返回的结果集,该结果集封装在一个逻辑表格中。在 ResultSet 接口内部有个指向表格数据行的游标,ResultSet 对象初始化时,游标在表格的第一行之前,调用 next()方法可将游标移动到下一行。如果下一行没有数据,则返回 false。在应用程序中经常使用 next()方法作为 while 循环的条件来迭代 ResultSet 结果集。

ResultSet 接口中的常用方法如表 12-5 所示。

表 12-5　ResultSet 接口的常用方法

方 法 声 明	功 能 描 述
getString(int columnIndex)	用于获取指定字段的 String 类型的值,参数 columnIndex 代表字段的索引
getString(String columnName)	用于获取指定字段的 String 类型的值,参数 columnName 代表字段的名称
getInt(int columnIndex)	用于获取指定字段的 int 类型的值,参数 columnIndex 代表字段的索引
getInt(String columnName)	用于获取指定字段的 int 类型的值,参数 columnName 代表字段的名称
getDate(int columnIndex)	用于获取指定字段的 Date 类型的值,参数 columnIndex 代表字段的索引
getDate(String columnName)	用于获取指定字段的 Date 类型的值,参数 columnName 代表字段的名称
next()	将游标从当前位置向下移一行
absolute(int row)	将游标移动到此 ResultSet 对象的指定行
afterLast()	将游标移动到此 ResultSet 对象的末尾,即最后一行之后
beforeFirst()	将游标移动到此 ResultSet 对象的开头,即第一行之前
previous()	将游标移动到此 ResultSet 对象的上一行
last()	将游标移动到此 ResultSet 对象的最后一行

从表 12-5 中可以看出,ResultSet 接口中定义了大量的 getXxx()方法,而采用哪种 getXxx()方法取决于字段的数据类型。程序既可以通过字段的名称来获取指定数据,也可以通过字段的索引来获取指定的数据,字段的索引是从 1 开始编号的。

12.3　JDBC 连接数据库

通过前面的学习,读者对 JDBC 及其常用 API 已经有了一定的了解,本节针对 JDBC 编程步骤以及如何使用 JDBC 的常用 API 来实现一个 JDBC 程序进行讲解。

JDBC 的使用可按照下面几个步骤执行。

1. 加载并注册数据库驱动

加载数据库驱动使用 Class 类中的静态方法 forName(String driver)来实现,具体语法如下:

```
Class.forName(String driver);
```

driver 就是数据库驱动类对应的字符串。例如,加载的是 SQLServer 数据库,代码如下：

```
class.forName("com.microsoft.sqlserver.jdbc.SQLServerDriver");
```

若加载的是 MySQL 数据库，代码如下：

```
class.forName("com.mysql.jdbc.Driver");
```

从代码中可以看出，在加载过程中加载的是数据库驱动类名的字符串。

2. 通过 DriverManager 获取数据库连接

DriverManager 中提供了一个 getConnection()方法来获取数据库连接，代码如下：

```
Connection conn = DriverManager. getConnection (String url, String userName,
String userPassword);
```

从上述代码可以看出，方法中有 3 个参数，它们分别代表的是连接数据库的 URL、登录数据库的用户名和密码。其中用户名和密码是由用户自己设定的。连接数据库的 URL 需要遵循一定的语法规定。以 SQLServer 的 URL 为例：

```
jdbc:sqlserver://hostname:port/databasename
```

其中 jdbc：sqlserver 是固定的写法。hostname 指的是主机的名称（如果是本机的数据库，hostname 可以用 localhost 或 127.0.0.1，如果是其他的机器，hostname 是要连接的机器的 IP 地址），port 指的是连接数据库的端口号（SQLServer 的端口号是 1433），databasename 指的是数据库的名称。

3. 通过 Connection 对象获取 Statement 对象

Connection 创建 Statement 的方式有 3 种。

（1）createStatement()：创建基本的 Statement 对象。

（2）preparedStatement(String sql)：根据传递的 SQL 语句创建 PreparedStatement 对象。

（3）prepareCall(String sql)：根据传入的 SQL 语句创建 CallableStatement 对象。

以创建基本的 Statement 对象为例，格式如下：

```
Statement stmt=conn.createStatement();
```

4. 使用 Statement 执行 SQL 语句

所有的 Statement 都有 3 种执行 SQL 语句的语法。

（1）execute(String sql)：用于执行任意的 SQL 语句。

（2）executeQuery(String sql)：用于执行查询语句，返回一个 ResultSet 结果集对象。

（3）executeUpdate(String sql)：主要用于执行 DML 和 DDL 语句。

5. 操作 ResultSet 结果集

如果执行的 SQL 语句是查询语句，执行结果将返回一个 ResultSet 对象，该对象里保存了查询的结果。可通过操作 ResultSet 对象来取出结果。

6. 关闭连接，释放资源

每次操作数据库结束后都要关闭数据库连接。需要注意的是，资源的关闭顺序和打开顺序是相反的，顺序是 ResultSet、Statement、Connection。

12.4　实现一个 JDBC 程序

下面通过从 worker 表中读取数据，往 worker 表中插入数据为例来演示 JDBC 的使用。

首先在 SQLServer 建立一个名为 Student 的数据库，然后在数据库中创建一个名为 worker 的数据表。表中有 3 个字段，分别是 id、password 和 flag。下例演示如何从 worker 中查询数据。

【例 12-1】　JDBC 查询数据。

```java
public class SelectJDBCDemo {
    public static void main(String[] args) {
        Connection con=null;
        Statement s=null;
        ResultSet r=null;
        try{
            Class.forName("com.microsoft.sqlserver.jdbc.SQLServerDriver");
            String userName = "sa";
            String userPassword = "123456";
            String url = "jdbc:sqlserver://localhost:1433;DatabaseName=Student";
            con = DriverManager.getConnection(url, userName, userPassword);
            s=con.createStatement();
            String sql="select * from worker";
            r=s.executeQuery(sql);
            while(r.next()){
                String id=r.getString(1);
                String password=r.getString(2);
                String flag=r.getString(3);
                System.out.println(id+"-----"+password+"-----"+flag);
            }
        }catch(Exception e){
            e.printStackTrace();
        }finally{
            try {
                r.close();
                s.close();
                con.close();
            } catch (SQLException e) {
                //TODO Auto-generated catch block
                e.printStackTrace();
            }
```

```
        }
    }
}
```

下面演示如何往 worker 中插入数据。

【例 12-2】 JDBC 插入数据。

```
public class InsertJDBCDemo {
    public static void main(String[] args) {
        Connection con=null;
        PreparedStatement ps=null;
        try{
            Class.forName("com.microsoft.sqlserver.jdbc.SQLServerDriver");
            String userName = "sa";
            String userPassword = "123456";
            String url = "jdbc:sqlserver://localhost:1433;DatabaseName=Student";
            con = DriverManager.getConnection(url, userName, userPassword);
            String sql="insert into worker(id,password,flag) values(?,?,?)";
            ps=con.prepareStatement(sql);
            ps.setString(1, "20190101");
            ps.setString(2, "654321");
            ps.setString(3, "1");
            ps.executeUpdate();

        }catch(Exception e){
            e.printStackTrace();
        }finally{
            try {
                ps.close();
                con.close();
            } catch (SQLException e) {
                //TODO Auto-generated catch block
                e.printStackTrace();
            }

        }
    }
}
```

本 章 小 结

本章讲解了 JDBC 的基本知识,包括什么是 JDBC、JDBC 的常用 API、如何使用 JDBC 对数据进行增、删、改、查等操作。通过本章的学习,读者可以了解到 JDBC,熟悉 JDBC 的

API,以及如何用 JDBC 对数据进行操作。

习　题

一、选择题

1. JDBC 是一套用于执行(　　)的 Java API。

　　A. SQL 语句　　　　B. 数据库连接　　　　C. 数据库操作　　　　D. 数据库驱动

2. 当应用程序使用 JDBC 访问特定的数据库时,只需要通过不同的(　　)与其对应的数据库进行连接,连接后就可以对数据库操作。

　　A. Java API　　　　B. JDBC API　　　　C. 数据库驱动　　　　D. JDBC 驱动

3. JDBC API 主要位于(　　)包中。

　　A. java.sql　　　　B. java.util　　　　C. java.jdbc　　　　D. java.lang

二、填空题

1. JDBC 是_____的缩写,简称 Java 数据库连接。

2. DriverManager 类的_____方法可用于向 DriverManager 中注册给定的 JDBC 驱动程序。

网络编程基础

本章学习重点：
- 了解网络通信协议。
- 掌握 IP 地址和端口号。
- 掌握 UPD 和 TCP/IP 通信的原理。

网络已然成为人们日常生活的必需品，无论生活、学习还是工作都离不开计算机网络。计算机网络是通过传输介质、通信设施和网络通信协议，把分散在不同地点的计算机互联起来，实现资源共享和数据传输。网络编程就是通过程序使互联网中的两个或多个设备进行数据传输。Java 语言对网络编程提供了良好的支持，通过其提供的接口可以方便地进行网络编程。

13.1 网络通信协议

通过计算机网络可以使多态计算机实现连接，但是位于同一个网络中的计算机在进行连接和通信时必须要遵守一定的规则。在计算机网络中，这些连接和通信的规则被称为网络通信协议，它对数据的传输格式、传输速率、传输步骤等做了同一规定，通信双发必须同时遵守才能完成数据交换。

网络通信协议有很多种，目前应用最广泛的有 TCP/IP（Transmission Control Protocol/Internet Protocol，传输控制协议/因特网互联协议）、UDP（User Datagram Protocol，用户数据报协议）和其他一些协议的协议组。

IP（Internet Protocol），又称为互联网协议，它能提供网间连接的完善功能，与 IP 放在一起的还有 TCP（Transmission Control Protocol），即传输控制协议，它规定一种可靠的数据信息传递服务。TCP 与 IP 是在同一时期作为协议来设计的，功能互补，所以常统称为 TCP/IP，它是事实上的国际标准。

TCP/IP 模型将网络分为 4 层，分别为物理＋数据链路层、网络层、传输层和应用层，它与 OSI 的 7 层模型对应关系和各层对应协议如表 13-1 所示。

表 13-1 列举了 OSI 和 TCP/IP 参考模型的分层，还列举了分层所对应的协议，本章主要涉及的是传输层的 TCP、UDP 和网络层的 IP。

表 13-1　两个模型对应关系及对应协议

OSI 参考模型	TCP/IP 参考模型	TCP/IP 参考模型各层对应协议
应用层	应用层	HTTP、FTP、Telnet、DNS 等
表示层		
会话层		
传输层	传输层	TCP、UDP 等
网络层	网络层	IP、ICMP、ARP 等
数据链路层	物理＋数据链路层	Link
物理层		

13.1.1　IP 地址和端口号

要想使网络中的计算机能够进行通信,还必须为每台计算机指定一个标识号,通过这个标识号来指定接收数据的计算机或者发送数据的计算机。在 TCP/IP 中,这个标识号就是 IP 地址,它可以唯一标识一台计算机,目前 IP 地址广泛使用的版本是 IPv4,它是由 4 字节大小的二进制数来表示。由于二进制形式表示的 IP 地址非常不便于记忆和处理,因此通常会将 IP 地址写出十进制的形式,每个字节用一个十进制数字(0～255)表示,数字间用“.”分开,表示 4 段数字,如 10.0.0.1。

随着计算机网络规模的不断扩大,对 IP 地址的需求也越来越多,IPv4 这种用 4 个字节表示的 IP 地址面临枯竭,因此 IPv6 版本的 IP 地址应运而生。IPv6 使用 16 个字节表示 IP 地址,它所拥有的地址容量是 IPv4 的很多倍,这样就解决了网络地址资源数量不足的问题。

每个 IP 地址由两部分组成,即“网络.主机”的形式,其中网络部分表示其属于互联网的哪一个网络,是网络的地址编码,主机部分表示其属于该网络的哪一台主机,是网络中一个主机的地址编码,二者是主从关系。IP 地址总共分为五类,常用的有 A、B、C 三类。

(1) A 类地址:由第一段的网络地址和其余三段的主机地址组成,范围是 1.0.0.0 到 127.255.255.255。

(2) B 类地址:由前两段的网络地址和其余两段的主机地址组成,范围是 128.0.0.0 到 191.255.255.255。

(3) C 类地址:由前三段的网络地址和最后一段的主机地址组成,范围是 192.0.0.0 到 223.255.255.255。

另外,还有一个本地回环地址 127.0.0.1,指向本机地址,该地址一般用来测试使用。

通过 IP 地址可以连接到指定计算机,但如果想访问目标计算机中的某个应用程序,还需要指定端口号。在计算机中,不用的应用程序是通过端口号区分的。端口号是用两个字节表示的,它的取值范围是 0～65535,其中,0～1023 的端口号用于一些知名的网络服务和应用,用户的普通应用程序需要使用 1024 以上的端口号,从而避免端口号被占用。

图 13-1 描述了 IP 地址和端口号的作用。

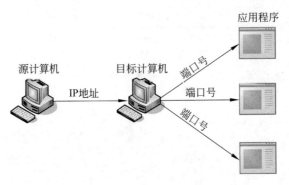

图 13-1　IP 地址和端口号

13.1.2　InetAddress

JDK 中提供了一个与 IP 地址相关的 InetAddress 类,该类用于封装一个 IP 地址,并提供了一系列与 IP 地址相关的方法,下面列举 InetAddress 类中的一些常用方法,如表 13-2 所示。

表 13-2　InetAddress 类常用方法

方 法 声 明	功 能 描 述
InetAddress getByName(String host)	获取给定主机名的 IP 地址,host 参数表示指定主机
InetAddress getLocalHost()	获取本机主机地址
String getHostName()	获取本机 IP 地址的主机名
Boolean isReachable(int timeout)	判断在限定时间内指定的 IP 地址是否可以访问
String getHostAddress	获取字符串格式的原始 IP 地址

其中,前两个方法用于获取该类的实例对象,第一个方法用于获取表示指定主机的 InetAddress 对象,第二个方法用于获取表示本地的 InetAddress 对象。通过 InetAddress 对象便可获取指定主机名、IP 地址等。下面通过一个实例来演示 InetAddress 类常用方法的使用。

【例 13-1】　InetAddress 类常用方法实例。

```java
import java.net.InetAddress;
public class InetAddressDemo {
    public static void main(String[] args) throws Exception {
        InetAddress localHost = InetAddress.getLocalHost();
        System.out.println("本机的 IP 地址:" + localHost.getHostAddress());
        InetAddress ip = InetAddress.getByName("www.jlnu.edu.cn");
        System.out.println("5s 内是否可达:" + ip.isReachable(5000));
        System.out.println("www.baidu.com:" + ip.getHostAddress());
        System.out.println("www.jlnu.edu.cn:" + ip.getHostName());    }
}
```

例 13-1 中，先调用 getLocalHost()方法得到本地 IP 地址对应的 InetAddress 实例并打印本机 IP 地址，然后根据主机名"www.jlnu.edu.cn"获得 InetAddress 实例，打印 5s 内是否可达这个实例，最后打印出 InetAddress 实例对应的 IP 地址和主机名。这是 InetAddress 类的基本使用。

13.1.3　UDP 与 TCP

在前面提到传输层两个重要的协议是 UDP 和 TCP，分别被称为用户数据报协议和传输控制协议，接下来详细解释这两个概念。

UDP 是无连接的通信协议，将数据封装成数据包，直接发送出去，每个数据报的大小限制在 64KB 以内，发送数据结束时无须释放资源。因为 UDP 不需要建立连接就能发送数据，所以它是一种不可靠的网络通信协议，其优点是效率高，缺点是容易丢失数据。一些视频、音频大多采用这种方式传输，即使丢失几个数据包，也不会对观看或收听产生较大影响。UDP 的传输过程如图 13-2 所示。

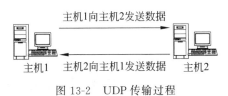

图 13-2　UDP 传输过程

图 13-2 中，主机 1 向主机 2 发送数据，主机 2 向主机 1 发送数据，这是 UDP 传输数据的过程，不需要建立连接，直接发送即可。

TCP 是面向连接的通信协议，使用 TCP 前，须先采用"三次握手"方式建立 TCP 连接，形成数据传输通道，在连接中可进行大数据量的传输，传输完毕要释放已建立的连接，TCP 是一种可靠的网络通信协议，其优点是数据传输安全和完整，缺点是效率低。一些对完整性和安全性要求高的数据采用 TCP 传输。TCP 的"三次握手"如图 13-3 所示。

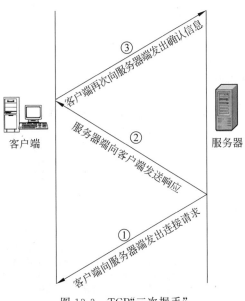

图 13-3　TCP"三次握手"

图 13-3 中,客户端先向服务器端发出连接请求,等待服务器确认,服务器端向客户端发送一个响应,通知客户端收到了连接请求,最后客户端再次向服务器端发送确认信息,确认连接。这是 TCP 的连接方式,保证了数据的安全和完整。

13.2   UDP 通信

UDP 是无连接的通信协议,将数据封装成数据包,直接发送出去,发送数据结束时无须释放资源。因为 UDP 不需要建立连接就能发送数据,所以它是一种不可靠的网络通信协议,其优点是效率高,缺点是容易丢失数据。

13.2.1   UDP 通信简介

UDP 通信的过程就像是货运公司在两个码头间发送货物一样,在码头发送和接收货物时都需要使用集装箱来装载货物。UDP 通信也是一样,发送和接收的数据也需要使用“集装箱”进行打包。为此,JDK 提供了一个 DatagramPacket 类,该类的实例对象就相当于一个集装箱,用于封装 UDP 通信中发送或者接收的数据。然而运输货物只有“集装箱”是不够的,还需要有码头。为此,JDK 提供了与之对应的 DatagramSocket 类,该类的作用就类似于码头,使用这个类的实例对象就可以发送和接收 DatagramPacket 数据报,发送和接收数据的过程如图 13-4 所示。

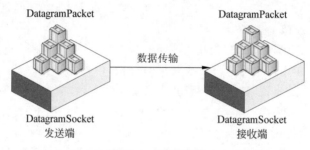

图 13-4   UDP 通信

13.2.2   DatagramPacket

表 13-3 列出了 DatagramPacket 类的构造方法,通过这些方法可以获取 DatagramPacket 的实例。

表 13-3   DatagramPacket 类的构造方法

构 造 方 法	功 能 描 述
public DatagramPacket(byte[] buf,int length)	构造 DatagramPacket,用来接收长度为 length 的数据包
public DatagramPacket(byte[] buf,int length, InetAddress address,int port)	构造数据报包,用来将长度为 length 的包发送到指定主机上的指定端口号

构 造 方 法	功 能 描 述
public DatagramPacket(byte[] buf,int offset,int length)	构造 DatagramPacket,用来接收长度为 length 的数据包,在缓冲区中指定了偏移量
public DatagramPacket(byte[] buf,int offset,int length, InetAddress address,int port)	构造数据报包,用来将长度为 length 偏移量为 offset 的包发送到指定主机上的指定端口号
public DatagramPacket (byte[] buf, int length, SocketAddress address)	构造数据报包,用来将长度为 length 的包发送到指定主机上的指定端口号

表 13-4 列出了 DatagramPacket 类的一些常用方法。

表 13-4　DatagramPacket 类常用方法

方 法 声 明	功 能 描 述
InetAddress getAddress()	返回某台机器的 IP 地址,此数据报为将要发往该机器或者是从该机器接收到的
byte[] getData()	返回数据缓冲区
int getLength()	返回将要发送或接收到的数据的长度
int getPort()	返回某台远程主机的端口号,此数据报为将要发往该主机或者是从该主机接收到的
SocketAddress get SocketAddress()	获取要将此包发送到的或发出此数据报的远程主机的 SocketAddress

13.2.3　DatagramSocket

在 java.net 包中还有一个 DatagramSocket 类,它是一个数据报套接字,包含了源 IP 地址和目的 IP 地址以及源端口号和目的端口号的组合,用于发送和接收 UDP 数据。DatagramSocket 类的构造方法如表 13-5 所示。

表 13-5　DatagramSocket 类构造方法

构 造 方 法	功 能 描 述
public DatagramSocket()	构造数据报套接字并将其绑定到本地主机上任何可用的端口
protected DatagramSocket (DatagramSocketImpl impl)	创建带有指定 DatagramSocketImpl 的未绑定数据报套接字
public DatagramSocket(int port)	创建数据报套接字并将其绑定到本地主机上的指定端口
public DatagramSocket (int port, InetAddress laddr)	创建数据报套接字,将其绑定到指定的本地地址
public DatagramSocket(SocketAddress bindaddr)	创建数据报套接字,将其绑定到指定的本地套接字地址

DatagramSocket 类还有一些常用方法如表 13-6 所示。

表 13-6　DatagramSocket 类常用方法

方 法 声 明	功 能 描 述
int getPort()	返回此套接字的端口
Boolean isConnected()	返回套接字的连接状态
void receive(DatagramPacket p)	从此套接字接收数据报包
void send(DatagramPacket p)	从此套接字发送数据报包
void close()	关闭此数据报套接字

13.2.4　UDP 网络程序

13.2.2 节和 13.2.3 节讲解了 java.net 包中两个重要的类，DatagramPacket 类和 DatagramSocket 类，接下来通过一个案例来学习它们的使用，这里需要创建一个发送端程序，一个接收端程序，在运行程序时，必须接收端程序先运行才可以。具体示例如下。

【例 13-2】　接收端程序。

```
import java.net.*;
public class ReceiveDemo {
    public static void main(String[] args) throws Exception {
        DatagramSocket ds = new DatagramSocket(8081);
        byte[] by = new byte[1024];
        DatagramPacket dp = new DatagramPacket(by, by.length);
        System.out.println("等待接收数据...");
        ds.receive(dp);
        String str = new String(dp.getData(), 0, dp.getLength());
        System.out.println(str +"-->" +dp.getAddress().
            getHostAddress() +":" +dp.getPort());
        ds.close();
    }
}
```

例 13-2 中，先创建了 DatagramSocket 对象，并指定端口号为 8081，监听 8081 端口，然后创建接收数据的数组，创建 DatagramPacket 对象，用于接收数据，最后调用 receive (DatagramPacket p) 方法等待接收数据，如果没有接收到数据，程序会一直处于停滞状态，发生阻塞，如果接收到数据，数据会填充到 DatagramPacket 中。

编写完接收端程序后，需要编写发送端程序。具体示例如下。

【例 13-3】　发送端程序。

```
import java.net.*;
public class SendDemo {
    public static void main(String[] args) throws Exception {
        DatagramSocket ds = new DatagramSocket(8090);
        byte[] by = "www.jlnu.edn.cn".getBytes();
```

```
        DatagramPacket dp = new DatagramPacket(by, 0, by.length,
                InetAddress.getByName("127.0.0.1"), 8081);
        System.out.println("正在发送数据...");
        ds.send(dp);
        ds.close();
    }
}
```

例 13-3 中，先创建了 DatagramSocket 对象，并指定端口号为 8090，使用这个端口发送数据，然后将一个字符串转换为字节数组，作为要发送的数据，接着指定接收端的 IP 为 127.0.0.1，即本机 IP，指定接收端端口号为 8081，这里指定的端口号必须与接收端监听的端口号一致，最后调用 send(DatagramPacket p)方法发送数据。

13.2.5　UDP 案例——聊天程序

13.2.4 节讲解了 UDP 的相关内容，发送端发送数据到指定端口，接收端接收指定端口的数据，用这个思想，可以实现一个接收端和发送端互相通信的小程序——聊天程序，在这里先结合多线程讲解其基本原理。

首先要明确一点，将接收端和发送端同时运行，实际上就是运行两个线程，应用到了以前讲的多线程。具体示例如下。

【例 13-4】 聊天程序实例。

```
import java.io.*;
import java.net.*;
public class TestUDP {
    public static void main(String[] args) {
        //运行接收端和发送端线程,开始通话
        new Thread(new Sender()).start();
        new Thread(new Receiver()).start();
    }
}
//发送端线程
class Sender implements Runnable {
    public void run() {
        try {
            //建立 Socket,无须指定端口
            DatagramSocket ds = new DatagramSocket();
            //通过控制台标准输入
            BufferedReader br = new BufferedReader(new InputStreamReader(
                    System.in));
            String line = null;
            DatagramPacket dp = null;
            //do-while结构,发送为 exit 时,退出
            do {
```

```
                line = br.readLine();
                byte[] buf = line.getBytes();
                //指定为广播 ip
                dp = new DatagramPacket(buf, buf.length,
                        InetAddress.getByName("127.0.0.1"), 9090);
                ds.send(dp);
            } while (!line.equals("exit"));
            ds.close();
        } catch (IOException e) {
            e.printStackTrace();
        }
    }
}
//接收端线程
class Receiver implements Runnable {
    public void run() {
        try {
            //接收端须指定端口
            DatagramSocket ds = new DatagramSocket(9090);
            byte[] buf = new byte[1024];
            DatagramPacket dp = new DatagramPacket(buf, buf.length);
            String line = null;
            //当收到消息为 exit 时,退出
            do {
                ds.receive(dp);
                line = new String(buf, 0, dp.getLength());
                System.out.println(line);
            } while (!line.equals("exit"));
            ds.close();
        } catch (IOException e) {
            e.printStackTrace();
        }
    }
}
```

例 13-4 创建了两个实现 Runnable 接口的类,分别是发送端(Sender 类)和接收端(Receiver 类),发送端指定将数据发送到的 IP 为本机 IP,端口号为 9090;接收端指定接收端口号为 9090 的数据,发送内容后,接收端成功接收并打印,程序继承执行,发送 exit 后,接收端接收并打印后,程序结束。

13.3 TCP 通信

TCP 通信和 UDP 通信一样,都能实现两台计算机之间的通信,通信的两段则都需要创建 Socket 对象。TCP 通信和 UDP 通信的其中一个主要区别是 UDP 中只有发送端和接收端,不区分客户端和服务器端,计算机之间可以任意地发送数据。而 TCP 通信是严格区分客户端和服务器端的,在通信时,必须先由客户端去连接服务器端才能实现通信,服务器端不可以主动连接客户端。

在 JDK 中提供了两个用于实现 TCP 程序的类,一个是 ServerSocket 类,用于表示服务器端;另一个是 Socket 类,用于表示客户端。通信时,首先要创建代表服务器端的 ServerSocket 对象,该对象相当于开启一个服务,并等待客户端的连接;然后创建代表客户端的 Socket 对象,并向服务器端发出连接请求,服务器端响应请求,两者建立连接后可以进行通信。

13.3.1 ServerSocket

在 java.net 包中有一个 ServerSocket 类,它可以实现一个服务器端的程序,ServerSocket 类的构造方法如表 13-7 所示。

表 13-7　ServerSocket 类构造方法

构 造 方 法	功 能 描 述
public ServerSocket()	创建非绑定服务器套接字
public ServerSocket(int port)	创建绑定到特定端口的服务器套接字
public ServerSocket(int port,int backlog)	利用指定的 backlog 创建服务器套接字并将其绑定到指定的本地端口号
public ServerSocket (int port, int backlog, InetAddress bingAddr)	使用指定的端口、侦听 backlog 和要绑定到的本地 IP 地址创建服务器

ServerSocket 类还有一些常用方法,如表 13-8 所示。

表 13-8　ServerSocket 类常用方法

方 法 声 明	功 能 描 述
Socket accept()	侦听并接收到此套接字的连接
void close()	关闭此套接字
InetAddress getInetAddress()	返回此服务器套接字的本地地址
Boolean isClosed	返回 ServerSocket 的关闭状态
void bind(SocketAddress endpoint)	将 ServerSocket 绑定到特定地址

表 13-8 列出了 ServerSocket 类的常用方法,其中,accept()方法用来接收客户端的请求,执行此方法后,服务器端程序发生阻塞,直到接收到客户端请求,程序才能继续执行,如图 13-5 所示。

图 13-5 中 ServerSocket 代表服务器端,Socket 代表客户端,服务器端调用 accept()方法后等待客户端请求,客户端发出连接请求后,accept()方法会给服务器端返回一个 Socket 对象用于和客户端实现通信。

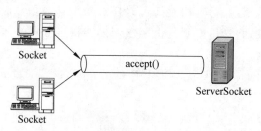

图 13-5　TCP 服务器端和客户端

13.3.2　Socket

在 java.net 包中还有一个 Socket 类,它是一个数据报套接字,包含了源 IP 地址和目的 IP 地址以及源端口号和目的端口号的组合,用于发送和接收 UDP 数据。Socket 类的常用构造方法,如表 13-9 所示。

表 13-9　Socket 构造方法

构 造 方 法	功 能 描 述
public Socket()	通过系统默认类型的 SocketImpl 创建未连接套接字
public Socket(InetAddress address,int port)	创建一个流套接字并将其连接到指定 IP 地址的指定端口号
public Socket(Proxy proxy)	创建一个未连接的套接字并指定代理类型,该代理不管其他设置如何都应被使用
public Socket(String host,int port)	创建一个流套接字并将其连接到指定主机上的指定端口号

Socket 类还有一些常用的方法,如表 13-10 所示。

表 13-10　Socket 类常用方法

方 法 声 明	功 能 描 述
void close()	关闭此套接字
InetAddress getInetAddress()	返回套接字连接的地址
InputStream getInputStream()	返回此套接字的输入流
OutputStream getOutputStream()	返回此套接字的输出流
int getPort()	返回此套接字连接到的远程端口
Boolean isClosed()	返回套接字的关闭状态
void shutdownOutput()	禁用此套接字的输出流

13.3.3　简单的 TCP 网络程序

13.3.1 和 13.3.2 节讲解了 java.net 包中两个重要的类,ServerSocket 类和 Socket 类,接下来通过一个案例来学习它们的使用,这里需要创建一个服务器端程序,一个客户端程序,在运行程序时，必须先运行服务器端程序。首先编写服务器端程序，具体示例如下。

【例 13-5】 服务器端程序。

```
import java.io.*;
import java.net.*;
public class ServerDemo {
    public static void main(String[] args) throws IOException {
        ServerSocket ss = new ServerSocket(7788);
        while(true){
            Socket clint=ss.accept();
            System.out.println("与客户端连接成功,开始进行数据交换");
            OutputStream os=clint.getOutputStream();
            os.write(("服务器端向客户端做出响应").getBytes());
            Thread.sleep(2000);
            os.close();
            clint.close();

        }
    }
}
```

例 13-5 中，先创建了 ServerSocket 对象，并指定端口号为 7788，监听 7788 端口，然后调用 accept() 方法等待客户端连接，创建接收数据的字节数组，用于接收数据，最后调用 getOutputStream() 方法得到输出流，用于向服务器端发送数据。

下面编写客户端程序，具体示例如下。

【例 13-6】 客户端程序。

```
import java.io.*;
import java.net.*;
public class ClientDemo {
    public static void main(String[] args) throws IOException {
        Socket s = new Socket(InetAddress.getByName("127.0.0.1"), 9092);
        InputStream is = s.getInputStream();
        byte[] b = new byte[1024];
        int len=is.read(b);
        while (len!=-1) {
            String str = new String(b, 0, len);
            System.out.print(str);
            len=is.read(b);
        }
        is.close();
        s.close();
        s.close();
    }
}
```

例 13-6 中，先创建了 Socket 对象，并指定将数据发送到 IP 地址为 127.0.0.1，端口号为 9092 的客户端，然后创建输出流，将一个字符串转换为字节并输出到服务器端，最后创建输入流，用于接收服务器端的响应数据。

13.3.4　多线程的 TCP 网络程序

13.3.3 节讲解了简单的服务器端、客户端通信，当服务器端接收到客户端数据后打印到控制台，并且向客户端发送响应数据，程序运行结束。在实际应用中客户端可能需要与服务器端保持长时间通信，或者多个客户端都要与服务器端通信，这就需要应用到前边学过的多线程。下面先创建一个专门用于处理多线程操作的类，具体示例如下。

【例 13-7】 多线程类。

```java
import java.io.*;
import java.net.Socket;
public class TestThread implements Runnable {
    private Socket client = null;
    public TestThread(Socket client) {
        this.client = client;
    }
    public void run() {
        BufferedReader br = null;
        PrintStream ps = null;
        try {
            br = new BufferedReader(new InputStreamReader(
                    client.getInputStream()));
            ps = new PrintStream(client.getOutputStream());
            boolean flag = true;
            while (flag) {
                String str = br.readLine();
                if (str ==null || "".equals(str)) {
                    flag = false;
                } else {
                    System.out.println(str);
                    if ("bye".equals(str)) {
                        flag = false;
                    } else {
                        ps.println("服务器端已收到信息!");
                    }
                }
            }
        } catch (Exception e) {
            e.printStackTrace();
        } finally {
            if (ps !=null) {
```

```
                ps.close();
            }
            if (client !=null) {
                try {
                    client.close();
                } catch (IOException e) {
                    e.printStackTrace();
                }
            }
        }
    }
}
```

例 13-7 中的 TestThread 类实现了 Runnable 接口,构造方法接收每一个客户端的 Socket,重写 run()方法,在方法中通过循环的方式接收客户端信息,并向客户端输出相应信息,最后释放资源,下面应用多线程对服务器端程序进行修改,具体示例如下。

【例 13-8】　多线程服务器端程序。

```
import java.io.*;
import java.net.*;
public class TestServerThread {
    public static void main(String[] args) throws IOException {
        ServerSocket ss = null;
        Socket s = null;
        ss = new ServerSocket(9090);
        boolean flag = true;
        while (flag) {
            System.out.println("等待接收数据...");
            s = ss.accept();
            new Thread(new TestThread(s)).start();
        }
        ss.close();
        InputStream is = s.getInputStream();
        byte[] b = new byte[20];
        int len;
        while ((len = is.read(b)) !=-1) {
            String str = new String(b, 0, len);
            System.out.print(str);
        }
        OutputStream os = s.getOutputStream();
        os.write("服务器端已收到信息!".getBytes());
        os.close();
        is.close();
        s.close();
```

```
        ss.close();
    }
}
```

13.3.5　文件上传

通过前面的学习,相信读者基本掌握了客户端和服务器端通过 TCP 进行通信的方式。接下来进一步学习和练习,实现文件的上传功能,以便加深和巩固 TCP 的相关知识。

首先编写服务器端程序,具体示例如下。

【例 13-9】　服务器端程序。

```java
import java.io.*;
import java.net.*;
public class TestUploadServer {
    public static void main(String[] args) throws Exception {
        ServerSocket ss = new ServerSocket(9090);
        System.out.println("服务器端已开启,等待接收文件!");
        Socket s = ss.accept();
        System.out.println("正在接收来自" +
            s.getInetAddress().getHostAddress() +"的文件...");
        receiveFile(s);
        ss.close();
    }
    private static void receiveFile(Socket socket) throws Exception {
        byte[] buffer = new byte[1024];
        DataInputStream dis = new DataInputStream(socket.getInputStream());
        String oldFileName = dis.readUTF();
        String filePath = TestUploadClient.fileDir
                +genereateFileName(oldFileName);
        System.out.println("接收文件成功,另存为:" +filePath);
        //利用 FileOutputStream 来操作文件输出流
        FileOutputStream fos = new FileOutputStream(new File(filePath));
        int length = 0;
        while ((length = dis.read(buffer, 0, buffer.length)) >0) {
            fos.write(buffer, 0, length);
            fos.flush();
        }
        dis.close();
        fos.close();
        socket.close();
    }
    private static String genereateFileName(String oldName) {
        String newName = null;
        newName = oldName.substring(0, oldName.lastIndexOf(".")) +"-2"
```

```
                +oldName.substring(oldName.lastIndexOf("."));
        return newName;
    }
}
```

例 13-9 首先创建了 ServerSocket 对象，然后调用 accept()方法等待客户端连接，当客户端上传文件时，调用 receiveFile()方法实现文件上传，genereateFileName()方法用于生产上传后的文件名。

下面编写客户端程序。

【例 13-10】　客户端程序。

```
import java.io.*;
import java.net.*;
public class TestUploadClient {
    //定义要发送的文件路径
    public static final String fileDir = "D:/com/1000phone/"
            +"chapter12/03/file/";
    public static void main(String[] args) throws Exception {
        String fileName = "test.jpg";          //要发送的文件名称
        String filePath = fileDir +fileName;
        System.out.println("正在发送文件:" +filePath);
        Socket socket = new Socket(InetAddress.
                getByName("127.0.0.1"), 9090);
        if (socket !=null) {
            System.out.println("发送成功!");
            sendFile(socket, filePath);
        }
    }
    private static void sendFile(Socket socket, String filePath)
            throws Exception {
        byte[] bytes = new byte[1024];
        BufferedInputStream bis = new BufferedInputStream(
                new FileInputStream(new File(filePath)));
        DataOutputStream dos = new DataOutputStream(
                new BufferedOutputStream(socket.getOutputStream()));
        //首先发送文件名,客户端发送使用writeUTF()方法,服务器端应该使用readUTF()方法
        dos.writeUTF(getFileName(filePath));
        int length = 0;                        //发送文件的内容
        while ((length = bis.read(bytes, 0, bytes.length)) >0) {
            dos.write(bytes, 0, length);
            dos.flush();
        }
        bis.close();                           //释放资源
        dos.close();
```

```
        socket.close();
    }
    private static String getFileName(String filePath) {
        String[] parts = filePath.split("/");
        return parts[parts.length -1];
    }
}
```

编写好上面的代码后,先运行服务器端程序,然后开启客户端程序,运行结果打印出服务器端接收到来自 127.0.0.1 的文件,接收后保存。

本 章 小 结

本章讲解了网络编程相关的基础知识。首先介绍了网络编程的一些基础概念,包括网络通信协议、IP 地址和端口号以及 UDP 和 TCP;接着讲解了 UDP 相关的 DatagramPacket 类和 DatagramSocket 类,以及如何使用 UDP 实现通信;最后讲解了 TCP 中的 ServerSocket 类和 Socket 类。通过本章的学习,读者应该能够掌握网络编程的相关知识。

习　　题

一、选择题

1. 使用 UDP 通信时,需要使用(　　　)类把要发送的数据打包。

　　A. Socket　　　　　　　　　　　　　B. DatagramPacket

　　C. DatagramSocket　　　　　　　　D. ServerSocket

2. 以下位于传输层的协议是(　　　)。

　　A. TCP　　　　　　B. HTTP　　　　　　C. SMTP　　　　　　D. IP

3. 进行 UDP 通信时,在接收端若要获得发送端的 IP 地址,可以使用 DatagramPacket 的(　　　)方法。

　　A. getAddress()　　　B. getPort()　　　C. getName()　　　D. getData()

4. 在程序运行时,DatagramSocket 的(　　　)方法会发送阻塞。

　　A. send()　　　　　B. receive()　　　　C. close()　　　　D. connect()

二、填空题

1. TCP/IP 被分为 4 层,分别是_____、_____、_____和_____。

2. Java 对基于 TCP 的网络提供了良好的封装,使用 ServerSocket 代表服务器端,使用_____代表客户端。

3. 在计算机中,端口号用_____字节,也就是 16 位的二进制数表示。

图书资源支持

感谢您一直以来对清华版图书的支持和爱护。为了配合本书的使用,本书提供配套的资源,有需求的读者请扫描下方的"书圈"微信公众号二维码,在图书专区下载,也可以拨打电话或发送电子邮件咨询。

如果您在使用本书的过程中遇到了什么问题,或者有相关图书出版计划,也请您发邮件告诉我们,以便我们更好地为您服务。

我们的联系方式:

地　　址:北京市海淀区双清路学研大厦 A 座 701

邮　　编:100084

电　　话:010-83470236　010-83470237

资源下载:http://www.tup.com.cn

客服邮箱:2301891038@qq.com

QQ:2301891038(请写明您的单位和姓名)

资源下载、样书申请

书圈

扫一扫,获取最新目录

课程直播

用微信扫一扫右边的二维码,即可关注清华大学出版社公众号"书圈"。